全国水利行业"十三五"规划教材（普通高等教育）

沿海港口航道仿真理论与实验指南

（第2版）

主　编　唐国磊

中国水利水电出版社
www.waterpub.com.cn
·北京·

内 容 提 要

  本书是沿海港口航道数值仿真理论及实验教学的指导教材，主要包括绪论、海港进港航道设计、船舶航行作业系统仿真、海港航道仿真实验教学系统、海港航道数值仿真实验等内容。本书另附有实验报告供学生使用。

  本书是港口航道与海岸工程专业本科生沿海港口航道数值仿真实验的指导教材，同时可以作为土木、水利、交通运输类专业为拓宽专业口径而设置的有关港口航道工程的实验教材，也可供从事港口航道工程规划设计等工程技术人员，以及院校相关专业的师生参考。

图书在版编目（CIP）数据

  沿海港口航道仿真理论与实验指南 / 唐国磊主编
. -- 2版. -- 北京：中国水利水电出版社，2020.3
 全国水利行业"十三五"规划教材. 普通高等教育
 ISBN 978-7-5170-8008-4

  Ⅰ．①沿… Ⅱ．①唐… Ⅲ．①海港－航道－仿真－高等学校－教材 Ⅳ．①U612.32

  中国版本图书馆CIP数据核字(2020)第096227号

	全国水利行业"十三五"规划教材（普通高等教育）	
书　　名	**沿海港口航道仿真理论与实验指南（第 2 版）** YANHAI GANGKOU HANGDAO FANGZHEN LILUN YU SHIYAN ZHINAN	
作　　者	唐国磊　主编	
出 版 发 行	中国水利水电出版社 （北京市海淀区玉渊潭南路 1 号 D 座　100038） 网址：www. waterpub. com. cn E - mail：sales@ waterpub. com. cn 电话：（010）68367658（营销中心）	
经　　售	北京科水图书销售中心（零售） 电话：（010）88383994、63202643、68545874 全国各地新华书店和相关出版物销售网点	
排　　版	中国水利水电出版社微机排版中心	
印　　刷	北京市密东印刷有限公司	
规　　格	184mm×260mm　16 开本　5 印张　115 千字	
版　　次	2012 年 11 月第 1 版第 1 次印刷 2020 年 3 月第 2 版　2020 年 3 月第 1 次印刷	
印　　数	0001—2000 册	
定　　价	**18. 00 元**	

前　言

以教育部"推进实验内容和实验模式改革与创新"为指导思想，基于"以学生为主体，以培养学生创新能力为核心"的教学理念，大连理工大学港口航道与海岸工程专业将本专业的前沿科研成果应用于本科生实验教学，于2012年率先增设了沿海港口航道数值仿真实验，将计算机仿真技术引入到本专业综合实验课程，不仅反映了本专业的新技术及发展前沿，而且使本科生实验教学与本行业新的就业需求和前沿技术相适应，有助于培养本科生的科研能力和创新思维，进而提高学生解决复杂工程问题的能力。

为满足理论教学和实验教学的需求，大连理工大学于2012年特编制本教材，并以大连理工大学开发的具有自主知识产权的沿海港口航道数值仿真实验系统（软件著作权登记号：2018SR117260）作为该仿真实验的教学实验平台。读者可以从大连理工大学土木水利实验教学中心官网获取该实验的相关资料。在教材使用过程中，《海港总体设计规范》（JTS 165—2013）于2013年11月12日发布，2014年5月1日开始实施，规范中有关航道设计等内容稍有修改，基于此，本次对教材进行必要的补充修订，与新颁布实施的现行行业标准规范保持一致。

本教材以沿海港口进港航道为对象，除第1章绪论外，主要包括4部分内容：第2章介绍了沿海港口进港航道设计的基本原则，以及航道设计方案的主要评价指标；第3章阐述了计算机仿真的基本理论、建模的基本方法，以及沿海港口船舶航行作业系统的逻辑模型和仿真模型，是该实验的理论基础；第4章详细介绍了沿海港口航道仿真实验教学系统的主要功能及使用说明；第 5 章着重介绍了沿海港口航道数值仿真实验的实验内容、实验方法等，并给出了实验报告的内容与格式，方便总结实验成果。

特别感谢大连理工大学宋向群教授、郭子坚教授对本教材的补充修订，以及提出的宝贵建议和修改意见。

特别感谢交通运输部规划研究院高级工程师齐越提出宝贵的建议与修改意见。

感谢大连理工大学土木水利实验教学中心的大力支持与帮助。

感谢大连理工大学港口发展研究中心各位教师、研究生的大力协助。

本教材在编写过程中，参考并引用了大量国内外相关文献资料，吸收和借鉴了有关研究成果，在此一并表示感谢。

编者

2019 年 10 月

目　录

第 1 章

绪论

随着我国进入工业化加快发展时期，对能源、原材料和工业品等的运输需求巨大，带动我国港口货物吞吐量迅速增长，运输船舶大型化的趋势也日益明显，这就要求港口进一步加快规模化、集约化、专业化港区以及深水航道的建设，以适应国家发展交通强国建设要求，满足国民经济和对外贸易发展的需要。

然而，随着港口货物吞吐量的增加和船舶大型化的趋势，进出港口的船舶数量不断增加，航道内船舶交通日趋繁忙，且易引起航道使用的冲突，特别在单线航道问题上更加明显，使需要进港的船舶在不同程度上出现等待航道的现象。可见，因航道通过能力与港口通过能力不匹配，船舶在锚地等待，势必会延长其非作业停时，不仅给船方带来经济损失，而且给港口通过能力和港口服务水平带来影响。因此，航道的等级规模、通航条件等逐渐成为港口发展的制约因素。因此，营口、秦皇岛、天津、青岛、连云港、上海、厦门、广州、深圳、湛江、防城港等港口积极地增加进港航道的通航水深，以提高航道和港口的通过能力；在通航水深增加的同时，航道的拓宽工程也在增多，一些港口已由原来的单线通航转变为双线通航，有效缓解了航道船舶通航压力，提高了港口生产效率。

鉴于航道开挖与疏浚维护的巨大投资，港口行政管理部门、投资者、规划设计者等迫切希望把握航道拓宽浚深的最佳时机，进而提高港航双方的经济效益。然而，航道内船舶交通量增大、货种和船型的构成更加复杂，航道建设规模扩大、航道长度越来越长，使得决策者面临更加复杂的设计条件。为解决这些复杂工程问题，在工程设计、建设、运营中，逐渐引入诸如计算机仿真、建筑信息模型（BIM）等技术。因此，为深化本科生对复杂条件下航道设计要素的理解，掌握港口航道设计的基本方法，能够利用计算机仿真技术定量分析航道主尺度及通航水位对航道规划设计与港口运营等方面的影响，与工程实际紧密结合，开设沿海港口航道仿真实验显得十分必要。

从目前教学实验手段和条件来看，物理模型试验花费的成本较大、时间相对较多，学生难以同时进行多个实验方案的设计与验证，限制了学生自主学习和研究探索的积极性。为了全面实施精英教育、培养精英人才，按照工程教育专业认证要求，提高学生解决复杂工程问题的能力，结合国家自然科学基金资助项目"复杂条件下沿海港口深水航道通过能力及航道线数的研究"科研成果，在专业课程教学改革中，大连理工大学港口航道与海岸工程仿真实验室将计算机仿真技术引入到港口航道工程规划设计中，增设"港口水域布置专业实验项目"之沿海港口航道数值仿真实验，作为

"港口规划与布置"专业课程有益的补充。

为此，结合港口规划与布置的实践经验，以学生随时随地实验为目的，大连理工大学开发设计了具有自主知识产权的沿海港口航道数值仿真实验系统（软件著作权登记号：2018SR117260）（以下简称海港航道仿真实验教学系统），作为本次数值仿真实验的实验平台，为学生提供一个开放的、可扩展的实验环境。该系统集成了沿海典型专业化港区信息数据库、船舶航行作业系统仿真、航道挖泥量及挖泥费计算等功能。本科生可应用"海港航道仿真实验教学系统"，依据选定的"典型沿海专业化港区"基础数据，如船舶到港规律、每潮次船舶乘潮进出港持续时间、航道通航水位、潮汐、气象等参数的不同组合，独自完成航道设计方案，并计算各方案的港口服务水平（AWT/AST）、船舶等待时间、航道疏浚成本等评价指标值，分析航道主尺度与评价指标值之间关系，确定航道设计的主要要素，如航道线数、航道宽度、航道通航水位和通航水深等。同时，实验结论因学生所选取参数的不同而不同，可以克服专业课实验中验证性内容过多以及实验设备维护成本过高等弊病，对于培养港口航道与海岸工程专业学生的实验设计能力、创新思维能力、工程实用能力具有重要的作用，将极大地发挥学生自主学习设计和研究探索的积极性。

与此同时，为更好地帮助学生熟悉航道设计原则、仿真实验基本原理以及仿真结果统计分析方法，掌握实验平台的操作技巧，本教材主要包括以下几部分内容：

首先，介绍航道及其分类，详细阐述沿海港口进港航道设计的具体内容及进港航道设计的主要影响因素，以及进港航道设计方案的主要评价指标，使学生掌握航道设计的具体内容，以及影响航道设计方案优化的影响因素及评价指标。

其次，讲述系统仿真的基本理论、建模的基本方法，以及仿真结果分析的基本方法，从逻辑、仿真模型两方面，阐述沿海港口船舶航行作业系统的具体流程及实现过程，为学生更好地认识系统仿真建模过程、进行仿真试验方案设计以及仿真结果统计分析提供理论基础。

最后，明确沿海港口航道仿真实验的实验目的、实验内容、实验条件、实验方案设计等内容，并详细介绍沿海港口航道仿真实验教学系统的主要功能、主要界面及系统使用说明，让学生了解仿真实验的目的及内容，熟悉实验环境。本教材以某港区进口散货作业区为例，给出实验案例，分析该实验操作及结果分析过程中的要点、难点等，深化学生对航道设计要素的理解，并给出实验报告的内容要求。

第 2 章

海港进港航道设计

2.1 航 道 及 分 类

航道（navigation channel；fairway；waterway）是指在江河、湖泊、水库等内陆水域和沿海水域中能满足船舶和其他水上交通工具安全航行要求的通道，由可通航水域、助航设施和水域条件组成。航道有多种分类方式。

按形成原因，航道可分为天然航道和人工航道。天然航道在低潮时其水深已足够船舶航行需要，即无须人工开挖航道；多数情况下，近海自然水深不能满足船舶航行所需的深度和宽度等要求，须开挖人工航道。

按使用性质，航道可分为专用航道和公用航道。专用航道是指由军事、水利电力、林业、水产等部门以及其他企业事业单位自行建设、使用的航道；公用航道是指由国家各级政府部门建设和维护、供社会使用的航道。

按管理归属，航道可分为国家航道和地方航道，都属于公用航道。国家航道主要指：①构成国家航道网、可以通航五百吨级以上船舶的内河干线航道；②跨省、自治区、直辖市，可以常年（不包括封冻期）通航三百吨级以上（含三百吨）船舶的内河干线航道；③可通航三千吨级以上（含三千吨级）船舶沿海干线航道；④对外开放的海港航道；⑤国家指定的重要航道。地方航道是指：①可以常年通航三百吨级以下（含不跨省可通航三百吨级）船舶的内河航道；②可通航三千吨级以下船舶的沿海航道及地方沿海中小港口间的短程航道；③非对外开放的海港航道；④其他属于地方航道主管部门管理的航道。

按航道所在地域，航道可分为沿海航道和内河航道。沿海航道，是指位于海岸线附近、具有一定边界、可供海船航行的航道；内河航道，是指河流、湖泊、水库内的航道，以及运河和通航渠道的总称。

按通航时间长短，航道可分为常年通航航道和季节通航航道。常年通航航道，即可供船舶全年通航的航道，又可称为常年航道；季节通航航道，即只能在一定季节（如非封冻季节）或水位期（如中洪水期或中枯水期）内通航的航道，又可称为季节性航道。

按通航限制条件，航道可分为单线航道、双线航道和限制性航道等。①单线航道指在同一时间内，只能供船舶沿一个方向行驶，不得追越或在行进中会让的航道，又可称为单向航道、单行航道；②双线航道指在同一时间内，允许船舶对驶、并行或追越的航道，又可称为双向航道或双行航道；③限制性航道指由于水面狭窄、航道断面系数❶小等原因，对船舶航行有明显的限制条件的航道，包括运河、通航渠道、狭窄

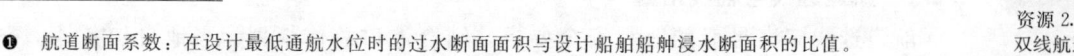

---

❶ 航道断面系数：在设计最低通航水位时的过水断面面积与设计船舶船舯浸水断面面积的比值。

资源 2.1
人工航道

资源 2.2
沿海航道

资源 2.3
内河航道

资源 2.4
单线航道

资源 2.5
双线航道

的设闸航道、水网地区的狭窄航道，以及具有上述特征的滩险航道等。

按通航船舶类别，内河航道可分为内河船航道、海船进江航道、内河航道主航道、内河航道副航道、缓流航道和短捷航道等。①内河船航道指只能供内河船舶或船队通航的内河航道；②海船进江航道指内河航道中可供进江海船航行的航道，其航线一般通过增设专门的标志并辅以必要的"海船进江航行指南"之类的文件加以明确；③内河航道主航道指供多数尺度较大的标准船舶或船队航行的航道；④内河航道副航道指为分流部分尺度较小的船舶或船队而另行增辟的航道；⑤缓流航道指为使上行船舶能利用缓流航行而开辟的航道，这种航道一般都靠近凸岸边滩；⑥短捷航道指分汊河道上开辟的较主航道航程短的航道，一般都位于可在中洪水期通航的支汊内。

按航道所在特殊部位，航道可分为桥区航道、湖区航道、库区航道和进港航道等。①桥区航道指位于跨河桥梁及其上、下游一定范围内的航道；②湖区航道是湖泊航道、河湖两相航道和滨湖航道的总称；③库区航道指位于水库库区内的航道；④进港航道指与沿海航道或内河主航道连接的、供船舶进出港池使用的航道。

资源 2.6
海港进港航
道设计内容

2.2　海港进港航道设计内容

航道设计与港口的位置有密切关系。布置在深水海岸的港口，船舶进出港是利用天然水深，无须人工开挖航道，仅用浮标标示出通航线路；布置在浅水海岸的港口，必须开通航道直达港口。海港进港航道设计是港口规划、设计和维护的最重要的问题之一，依据《海港总体设计规范》进行规划设计。

如图 2.1 所示，海港进港航道设计包括航道选线与轴线布置，航道尺度，如航道通航宽度 W、航道通航水深 D_0、备淤深度 Z_4、航道通航水位、设计边坡（$1:m$ 和 $1:n$）等。航道线数选择、转弯段设计也是航道设计的重要内容。航道设计过程中应考虑船舶的安全航行、船舶操作方便、地形、气象和海象条件以及与其他设施的协调配合等。

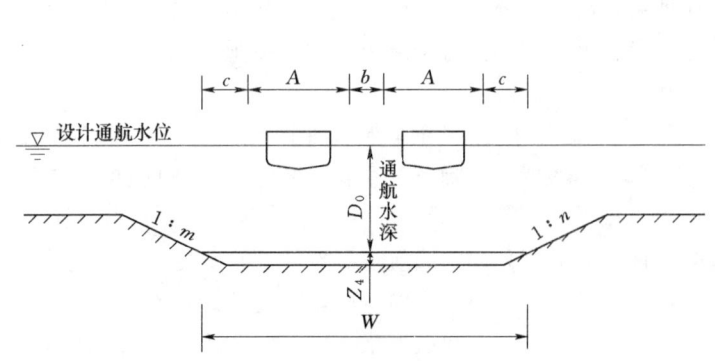

图 2.1　航道设计的基本尺度

2.2.1　航道选线与轴线布置

航道选线应满足船舶航行安全要求，结合港口总体规划、当地自然条件、交通流、引航条件、工程量和维护费用等因素综合确定，宜充分利用天然水深，避免大量开挖岩石、暗礁和底质不稳定的浅滩，并适当留有发展余地。

为保证船舶在航道中安全方便进出港口，满足良好的操船作业条件，提高航道通过能力，航道轴线布置应符合以下要求：

（1）航道轴线宜顺直，避免多次转向。受地形、地质条件限制必须多次转向时，宜采取减小转向角、加长两次转向间距、加大回旋半径或适当加宽航道等措施。

（2）航道选线时应避免连续转弯，无法避免时，两个反向连续转弯段之间的直线段长度不宜小于5倍设计船长。受自然条件限制，不能满足上述要求时，应采用船舶操纵模拟器等试验手段进行研究论证。

（3）航道交叉区段内，各航道应避免转向。各航道间有互通船舶要求，交叉水域的设计应满足船舶转弯的安全要求。航道交叉水域宜设置警戒区。

（4）临近防波堤口门外的航道应按直线布置。若受地形条件限制必须转弯进港时，其口门外直线长度可按上述两次转弯间的直线长度要求控制。

（5）对有冰冻的港口，航道轴线布置应注意排冰条件和冰凌对船舶航行的影响，尽量避开冰凌及排冰通道。

（6）航道轴线应尽量减少与强风、强浪和水流主流向间的夹角，避免船舶受常风、常浪和流的横向作用，通常要求夹角控制在±20°范围内为最佳方向。

（7）海港航道、河口航道选线应充分考虑海区泥沙运动的影响，应避免航道严重淤积或河口的剧烈演变。航道轴线的布置宜与涨落潮潮流长轴方向和主浪向基本一致，夹角在20°以内为宜。淤泥质和粉砂质海岸港口航道轴线布置应主要考虑涨落潮流长轴方向，砂质海岸港口航道轴线应主要考虑主浪向。

2.2.2 航道通航宽度

1. 单、双线航道及复式航道

根据线数，航道可分为单线航道、双线航道和复式航道。

（1）单线航道是指在同一时间内，只能供船舶沿一个方向行驶，不得追越或在行进中会让的航道，如图2.2（a）所示。

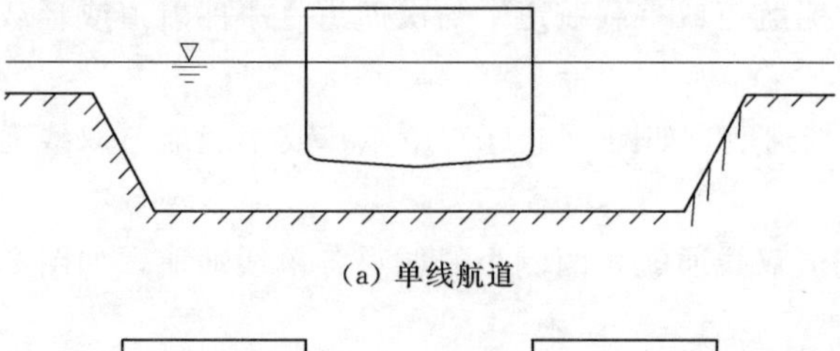

资源2.7
航道通航宽度

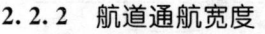

（a）单线航道

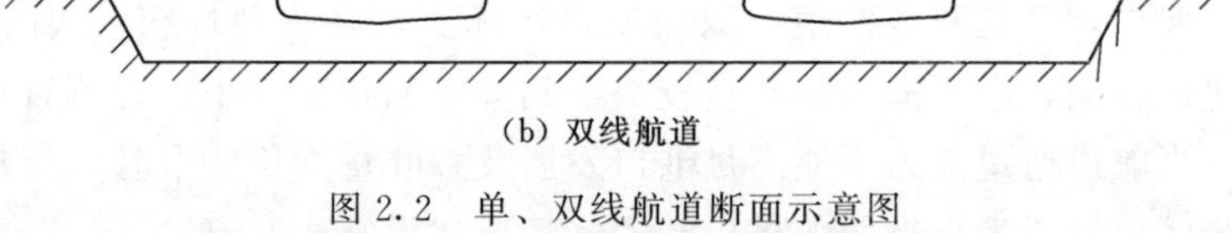

（b）双线航道

图2.2　单、双线航道断面示意图

（2）双线航道是指在同一时间内，允许船舶对驶、并行或追越的航道，如图 2.2（b）所示。

（3）复式航道是指同一航道设计断面处有两个或两个以上不同航道通航深度的航道，如图 2.3 所示。复式航道一般分为以下三种形式：

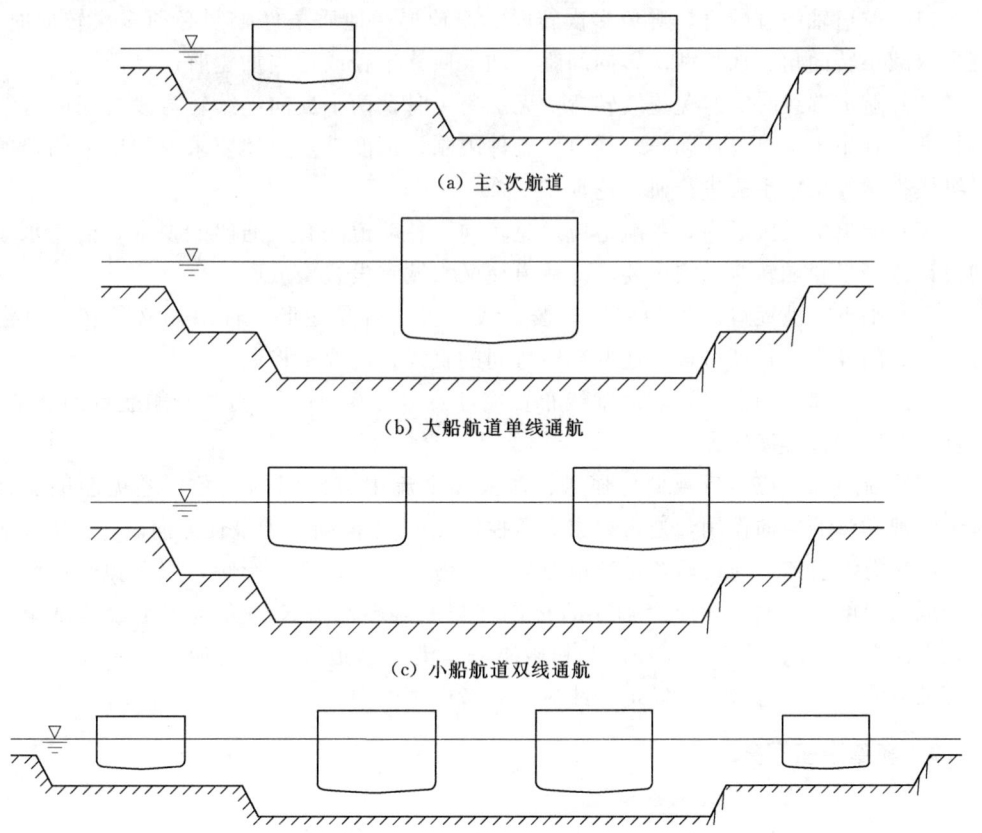

（a）主、次航道

（b）大船航道单线通航

（c）小船航道双线通航

（d）中间大船航道双线通航，两侧小船航道各单线通航

图 2.3　复式航道断面示意图

1）主航道（大船航道或重载航道）与次航道（小船航道或轻载航道）分开设置，如图 2.3（a）所示。

2）大船航道单线通航，如图 2.3（b）所示；或小船航道双线通航，如图 2.3（c）所示。

3）中间大船航道双线通航，两侧小船航道各单线通航，如图 2.3（d）所示。

2. 航道线数

航道线数的划分是相对的，一条航道对较大型船舶来说是单线航道，对小型船舶满足双线航行要求，又是双线航道。双线航道实际上也是一种特殊形式的复式航道。一般在港口建设初期，由于港口吞吐量较小，到港船舶密度较小，为节省投资，多采用单线航道，当航道通过能力不能满足港口发展及吞吐量增长要求时，应将单线航道扩建成为双线航道，或者根据船舶进出港实际情况建设复式航道。

在确定进港航道宽度时，应先确定该航道采用单线通航还是双线通航。航道线数应根据船舶航行密度、进出港船型比例、乘潮条件、航道长度、助航设施和交通管理等因素，经技术经济论证确定。船舶待泊时间较长，应适当加深航道或由单线航道拓宽为双线航道，提高船舶进出港艘数。复式航道中，大船航道、小船航道的布设应根据航行方式、疏浚工程量和港内泊位分布等因素确定。

3. 航道通航宽度

航道通航宽度是指航槽断面通航水深处两底边线之间的宽度，通常用 W 表示，由航迹带宽度 A、船舶间富裕宽度 b 和船舶与航道底边间的富裕宽度 c 组成，如图 2.4 所示。

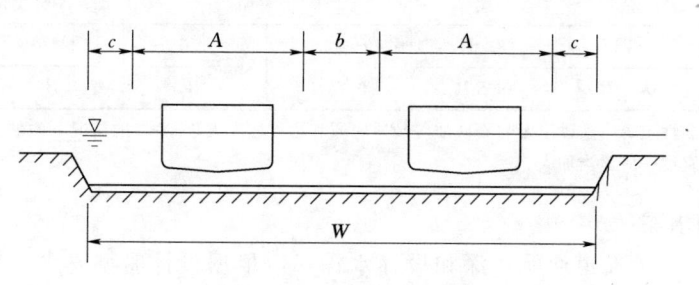

图 2.4　双线航道有效宽度

单、双线航道通航宽度可分别按式（2.1）和式（2.2）计算。当航道较长、自然条件较差或船舶定位困难时，可适当加宽；在自然条件和通航条件有利时，经论证可适当缩窄。

单线航道：
$$W = A + 2c \tag{2.1}$$

双线航道：
$$W = 2A + b + 2c \tag{2.2}$$

$$A = n(L\sin\gamma + B) \tag{2.3}$$

式中　L、B——设计船长和设计船宽，m；

　　　A——航迹带宽度，m；

　　　n——船舶漂移倍数，见表 2.1；

　　　γ——风、流压偏角，（°），见表 2.1；

　　　b——船舶间富裕宽度，m，取设计船宽 B，当船舶交汇密度较大时，船舶间富裕宽度可适当增加；

　　　c——船舶与航道底边间的富裕宽度，m，可按表 2.2 取值。

一般地，典型的双线航道宽度约为 $8B$；单线航道宽度约为 $5B$。

表 2.1　　　　　　　满载船舶飘移倍数 n 和风、流压偏角 γ 值

风力	横风≤7 级				
横流 v/(m/s)	$v \leqslant 0.10$	$0.10 < v \leqslant 0.25$	$0.25 < v \leqslant 0.50$	$0.50 < v \leqslant 0.75$	$0.75 < v \leqslant 1.00$
n	1.81	1.75	1.69	1.59	1.45
γ/(°)	3	5	7	10	14

注　1. 当斜向风、流作用时，可近似取其横向投影值查表。

　　2. 考虑避开横风或横流较大时段航行时，经论证，航迹带宽度可进一步缩小。

对于液化天然气（LNG）船舶通航的航道，通航宽度还应满足不小于5倍设计船宽的要求。液化天然气船舶需与其他船舶交会时，航道宽度应由专题论证确定。液化天然气船舶在海港进出港航道航行时，应设置移动安全区，其具体尺度应通过专题论证确定：①大型液化天然气船舶在海港进出港航道航行时，应实行交通管制并配备护航船舶；②中、小型液化天然气船舶在海港进出港航道航行时是否实行交通管制应通过专题论证确定。影响航道尺度的因素复杂时，航道通航宽度应进行船舶操纵模拟试验验证，必要时可结合实船观测等方式确定航道通航宽度。

表 2.2　　　　　　　　　　　　船舶与航道底边间的富裕宽度 c

船种	杂货船、集装箱船		散货船		油船或其他危险品船	
航速/kn	$\leqslant 6$	>6	$\leqslant 6$	>6	$\leqslant 6$	>6
c/m	$0.50B$	$0.75B$	$0.75B$	B	B	$1.50B$

注 对于坚硬黏性土、密实砂土及岩石底质等硬质底质和边坡坡度大于1∶2的情况下的航道，船舶与航道底间的富裕宽度 c 应当适当加大。

2.2.3 航道水深

航道水深分为航道通航水深和设计水深，应根据设计船型吃水、船舶航行下沉量、波浪产生的垂直运动、航道底质、水体密度、回淤强度、维护周期等因素确定，如图2.5所示。值得指出，航道通航水深，又称航道的"有效"水深或公告水深，它不包含备淤深度 Z_4。

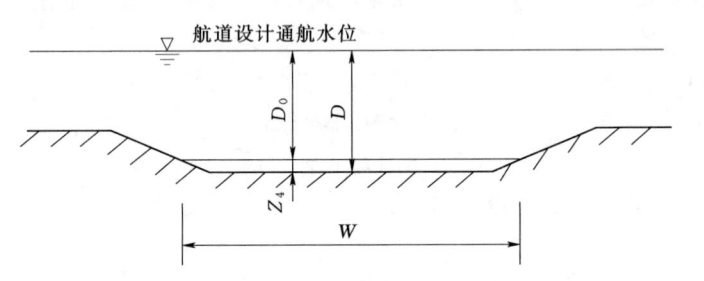

图2.5　航道通航水深 D_0 与设计水深 D

航道设计水深应按下列公式计算：

$$D = T + Z_0 + Z_1 + Z_2 + Z_3 + Z_4 \tag{2.4}$$

若不计 Z_4，即得到航道通航水深 D_0：

$$D_0 = T + Z_0 + Z_1 + Z_2 + Z_3 \tag{2.5}$$

式中　D——航道设计水深，m，即疏浚底面对于设计通航水位的水深；

　　　D_0——航道通航水深，m；

　　　T——设计船型满载吃水，m，对杂货船可根据实际情况考虑实载率对设计船型吃水的影响；

　　　Z_0——船舶航行下沉量，m，对于非限制性航道按图2.6确定；

　　　Z_1——航行时龙骨下最小富裕深度，m，采用表2.3中的数值；

　　　Z_2——波浪富裕深度，m，按表2.4确定；

Z_3——船舶装载纵倾富裕深度，m，杂货船和集装箱可不计，油船和散货船取 0.15m，滚装船取 0.20m（$DWT > 1000t$）或 0.30m（$DWT \leqslant 1000t$）；

Z_4——备淤深度，m，应根据两次挖泥间隔期的淤积量计算确定，对于不淤港口，可不计备淤深度；有淤积的港口，备淤深度不宜小于 0.4m。

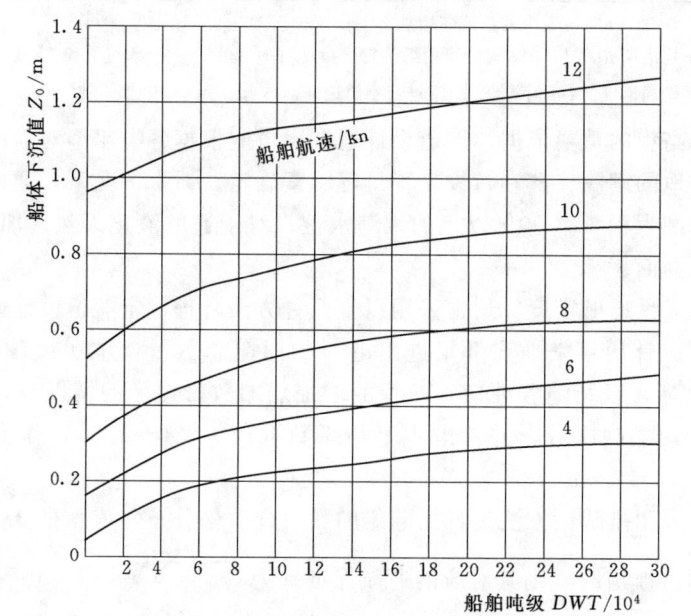

图 2.6 船舶航行时船体下沉值 Z_0 曲线

表 2.3   航行时龙骨下最小富裕深度 Z_1 单位：m

土质类别 \ 船舶吨级/t	$DWT <$ 5000	$5000 \leqslant DWT$ <10000	$10000 \leqslant DWT$ <50000	$50000 \leqslant DWT$ <100000	$100000 \leqslant DWT$ <300000	300000 $\leqslant DWT$
淤泥土、软塑、可塑性土、松散砂土	0.2	0.2	0.3	0.4	0.5	0.6
硬塑黏性土、中密砂土	0.3	0.3	0.4	0.5	0.6	0.7
坚硬黏性土、密实砂土、强风化岩	0.4	0.4	0.5	0.6	0.7	0.8
风化岩、岩石	0.5	0.6	0.6	0.8	0.8	0.9

对于有掩护的港口，航道设计波高可根据我国南北方各港不同方向的波高累积频率及其港内泊稳情况确定，一般不超过 1.5m；对于开敞式码头，航道设计波高可采用码头泊稳标准中船舶作业所允许的最大波高值，但考虑到引水船靠近大船以及拖船拖带船舶进出港等作业要求，一般宜采用 2.0m。对于某些风浪较大的港口和外海航道，为保证一定的通航天数，经技术论证，可增加 $H_{4\%}$ 波高值。波浪富裕深度 Z_2 按表 2.4 确定。

2.2.4 航道设计通航水位

航道设计通航水位是指保持船舶在航道中正常航行时的最高或最低水位，它是确

资源 2.9
航道设计
通航水位

9

表 2.4　　　　　　　　　　　船、浪夹角 ψ 与 $Z_2/H_{4\%}$ 的关系

$\psi/(°)$		0 (180)	10 (170)	20 (160)	30 (150)	40 (140)	50 (130)	60 (120)	70 (110)	80 (100)	90 (90)
$Z_2/H_{4\%}$	$\overline{T}\leqslant8\text{s}$	0.24	0.32	0.38	0.42	0.44	0.46	0.48	0.49	0.50	0.52
	$\overline{T}=10\text{s}$	0.55	0.65	0.75	0.83	0.90	0.97	1.02	1.08	1.10	1.15

注　1. 当 $DWT<10000\text{t}$ 时，表中的数值应增加 25%。

　　　2. 当波浪平均周期 $8\text{s}<\overline{T}<10\text{s}$ 时，可内插确定 $Z_2/H_{4\%}$ 的取值。

　　　3. 当波浪平均周期 $\overline{T}>10\text{s}$ 时，应对 Z_2 进行专门论证。

定航道设计底高程的重要依据。航道设计通航水位应根据各类船型对通航保证率的要求、港口所在地的潮汐特征和疏浚工程量等因素确定。通常情况下，通航水位可取设计低水位或乘潮累积频率 90% 以上的乘潮水位；对于通航液化天然气船舶等的航道，可取理论最低潮面。

（1）航道设计通航密度。通常采用以下两种方法合理确定航道设计通航密度：

方法一：统计历年来平均每年进出港口的船舶总数量，本次设计的船舶数量，最大船型的数量，以及随着港口吞吐量的增加船舶数量递增的情况等，计算平均每天通过航道的船舶艘次数，并考虑不平衡系数（$K=1.1\sim1.3$），作为该航道设计通航密度。

方法二：采用排队论方法。日到港船舶数符合泊松分布，依据排队论理论，当昼夜有 n 艘船通过航道时，则其对应的通航保证率为 $Q_n=\sum\limits_{i=0}^{n}\dfrac{\lambda^n}{n!}\text{e}^{-\lambda}$（$\lambda$ 为日到港船舶率，艘/日）。可见，只要给定 Q_n 即可确定 λ 值，则每天进出航道的船舶数量总和 2λ 即为该航道的设计通航密度。对于一般杂货船，$Q_n=80\%$；对于集装箱船、客船和定期班轮，$Q_n\geqslant90\%$。

（2）每潮次船舶乘潮通航持续时间。乘潮水位应根据需要乘潮的船舶航行密度、航行持续时间，结合所在地区潮汐特征、航道沿程潮位过程和疏浚工程量等因素合理确定。

每潮次船舶乘潮进出港所需的通航持续时间，包括航道航行时间、回转水域调头时间、靠离码头和解系缆时间等，可按式（2.6）确定：

$$t_s=K_s(t_1+t_2+t_3+\cdots) \tag{2.6}$$

式中　t_s——每潮次船舶乘潮进出港所需的持续时间，h；

　　　K_s——时间富裕系数，取 $1.1\sim1.3$；

　　　t_1——每潮次船舶通过航道的持续时间，h，其中包括船舶间追踪航行的间隔时间；

　　　t_2——一艘船舶在港内转头的时间，h；

　　　t_3——一艘船舶靠离码头的时间，h。

对于有冰冻的港口，应考虑冰凌影响船舶航行、转头、靠离码头所增加的时间。

1）航道航行时间 t_1。根据航道通航密度，所有船舶依次通过航道的全部时间，如图 2.7 所示。计算公式如下：

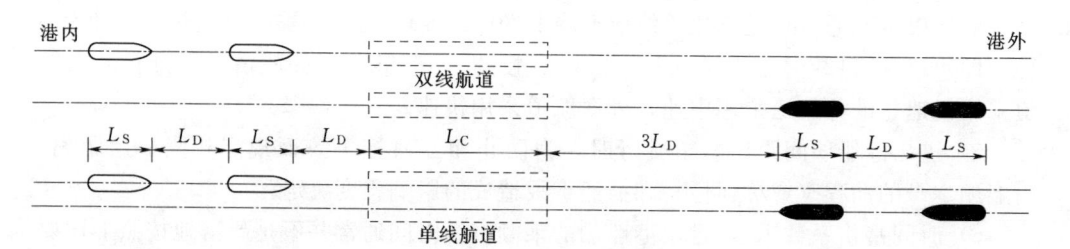

图 2.7　船舶乘潮进出港模拟图

a. 单线航道航行时间：

$$t_1 = t_出 + t_进 \tag{2.7}$$

$$t_出 = \frac{S_1 L_S + (S_1 + 2)L_D + L_C}{v_1} \tag{2.8}$$

$$t_进 = \frac{S_2 L_S + (S_2 + 2)L_D + L_C}{v_2} \tag{2.9}$$

b. 双线航道航行时间：

$$t_1 = \frac{S_0 L_S + (S_0 + 2)L_D + L_C}{v_0} \tag{2.10}$$

式中　L_C——航道全长，m；

$\quad\quad L_S$——设计船长，m，当一次进出港船型不同时，可分别计算；

$\quad\quad L_D$——船舶航行间距，m，按前后最大船长或有危险品要求的船长计算；

v_1、v_2——单线航道船舶出港、进港航速，m/s；

$\quad\quad v_0$——双线航道船舶出港、进港航速，m/s；

S_1、S_2——出港、进港船舶数量；

$\quad\quad S_0$——双线航道出港和进港最多的一队船舶数量。

2）回转水域调头时间 t_2。

船舶载重量不大于 5 万 t 级时，$t_2 = 0.5 \sim 0.75 \mathrm{h}$。

船舶载重量大于 5 万 t 级时，$t_2 = 0.75 \sim 1.0 \mathrm{h}$。

3）靠离码头和解系缆时间 t_3。

船舶载重量不大于 5 万 t 级时，$t_3 = 0.5 \sim 0.75 \mathrm{h}$。

船舶载重量大于 5 万 t 级时，$t_3 = 0.75 \sim 1.0 \mathrm{h}$。

对于港内连接水域和从锚地到航道的航行时间，可根据具体情况分别进行计算。

4）船舶航行速度是航道设计的重要因素，不但受航道长度、宽度和水深的影响，也受当地的风浪流等水文气象条件的影响。理论和实践证明，由于航道内浅水影响（$1.1 < D_0/T < 1.5$），船舶的限界速度一般为 12～14kn。从我国港口情况看，考虑到航道通过能力、船舶密度、航行条件、航行安全等因素影响，一般情况下各港航道均有速度控制要求。例如天津港规定在主航道船舶航速不得低于 5kn，18＋0 以西航速不得超过 13kn，18＋0 以东航速不得超过 15kn。因此，在港口航道设计中，选择船舶设计航速 v 时，应根据各港具体条件确定。一般港内航道船舶航速取 6～9kn，港外航道航速 9～12kn（一般不超过 12kn）。对于双线航道，当相对行驶的船舶错船

时，必须以缓速通过，建议比单线航道降低 30%～40% 为宜。国外有关规定航速有 3 种，即快速（>12kn）、中速（8～12kn）、慢速（5～8kn），一般情况下推荐港内航道采用慢速，港外航道采用中速，外海航道采用快速。

5）进出港船舶间距。船舶航行时，为防止相互碰撞事故而规定相隔一定距离，由船舶本身的冲程（或称惯性）和撞船事故造成的影响程度决定。

6）时间富裕系数 K_s。进出港船舶的乘潮持续时间通常并不是严格地按照上述要求进行的。实际航行时，往往有时因船舶航行间距拉大，航速较预计低，进出船舶衔接不好，乘潮时间有误差，以及不可预见的事件等，使通航时间增加。根据各港的经验，建议时间富裕系数 $K_s = 1.1～1.3$。

（3）设计乘潮水位。设计乘潮水位应根据需要乘潮的船舶航行密度、航行持续时间、港口所在地区的潮汐特征和疏浚工程量等因素确定，不仅从航道拓宽浚深的技术可能性比较，还要从由于航道水深不足，使船舶待泊和码头空闲所造成的经济损失与疏浚建设费和维护投资方面进行比较。

（4）海港液化天然气码头的进出港航道设计水深的计算基准面宜采用当地理论最低潮面，航道设计水深计算中的各项富裕深度应按现行行业标准《海港总体设计规范》（JTS 165—2013）的有关规定确定。

2.2.5　航道转弯段

航道转弯段应以航道中心线为准，用一定半径的圆弧连接过渡。船舶在航道转弯段航行，航线、导助航设施的有效性及适用范围、风浪流的影响以及航道断面等不断变化，引起水流强度的改变，为满足船舶在航道中有良好的操船作业条件，保证其安全方便转向，提高航道通过能力，要求在布置转弯段航道时，必须增加宽度并确定航道转弯半径。航道转弯半径 R 和加宽方式应根据转向角 ϕ 和设计船长 L 确定，如图 2.8 所示。

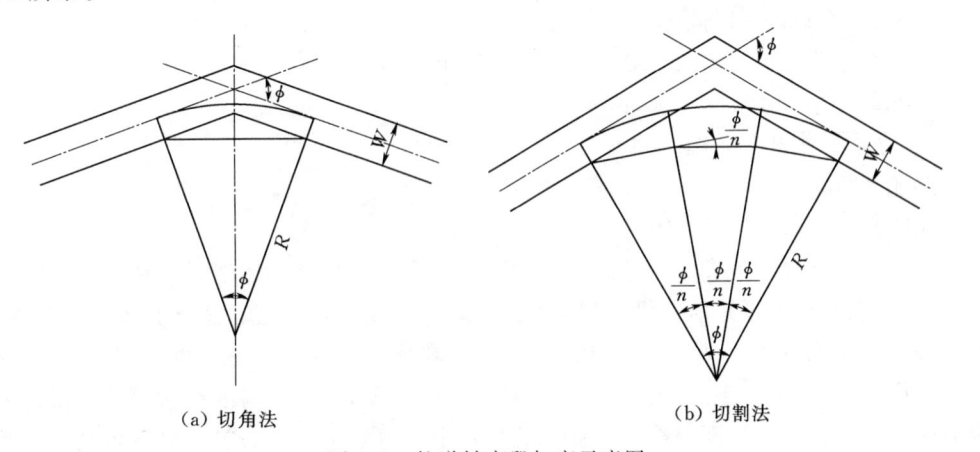

（a）切角法　　　　　　　　　　　　（b）切割法

图 2.8　航道转弯段加宽示意图

n—航道转弯处采用折线切割法加宽的等分折线段数

（1）当 $\phi \leqslant 10°$ 时，不考虑转弯段圆滑过渡，航道内外边线可直接相交。

（2）当 $10° < \phi \leqslant 30°$ 时，$R = (3～5)L$，加宽方式宜采用切角法；当水域狭窄、切

角困难时，经论证可采用折线切割法加宽。

（3）当 $30° < \phi \leq 60°$ 时，$R = (5 \sim 10)L$，加宽方式可采用折线切割法。

（4）当 $\phi > 60°$ 时，$R > 10L$，必要时，航道转弯半径和转弯段加宽方案可采用船舶操作模拟试验验证。

2.2.6 航道边坡设计

不同岩石类别航道边坡坡度可参考表 2.5 中的数值确定。对情况复杂的航道边坡应通过试验或按类似岩土特性和水文条件的现有航道确定坡度。航道开挖较长且岩土特性有明显区别时，可根据实际情况分段采用不同边坡坡度；航道开挖较深且岩土特性明显区别时，可采用变坡度设计。

表 2.5 　　　　　　　　　　　　　**不同岩土类别航道边坡坡度**

岩土类别	岩土名	状态	岩土有关指数				边坡坡度
			标准贯击数 N	天然重度 $/(kN/m^3)$	天然含水率 $\omega/\%$	空隙比 e	
淤泥土类	流泥	流态		<14.9	$85 < \omega \leq 150$	$e > 2.4$	$1:25 \sim 1:50$
	淤泥	很软	<2	<16.9	$55 < \omega \leq 85$	$1.5 < e \leq 2.4$	$1:8 \sim 1:25$
	淤泥质土	软	≤4	≤17.6	$36 < \omega \leq 55$	$1.0 < e \leq 1.5$	$1:3 \sim 1:8$
黏性土类	黏土	中等	≤8	≤18.7			$1:2 \sim 1:3$
	粉质黏土	硬	≤15	≤19.5			
		坚硬	>15	>19.5			
	黏质粉土	软	≤4	≤17.6			$1:3 \sim 1:8$
		中等	≤8	≤18.7			
		硬	≤15	≤19.5			
		坚硬	>15	>19.5			$1:1.5 \sim 1:3.0$
砂土类	砂质粉土	极松	≤4	≤18.3			$1:5 \sim 1:10$
		松散	≥10	≤18.6			
		中密	≤30	≤19.6			$1:2 \sim 1:5$
		密实	>30	>19.6			
	粉砂、细砂、中砂、粗砂、砾砂	极松	≤4	≤18.3			$1:5 \sim 1:10$
		松散	≥10	≤18.6			
		中密	≤30	≤19.6			$1:2 \sim 1:5$
		密实	>30	>19.6			
岩石类	软质岩石		$R_c < 30MPa$				$1:1.5 \sim 1:2.5$
	硬质岩石		$R_c \geq 30MPa$				$1:0.75 \sim 1:1.0$

注 　1. R_c 为单轴饱和抗压强度（MPa）。

　　2. 对黏质粉土和砂质粉土，航道开挖深度超过 5m 时，可采用相对较陡的航道边坡数值。

　　3. 通常情况下，有掩护航道和开敞式航道边坡可不考虑波浪和水流作用的影响；但对有强浪和强流作用的开敞式航道边坡坡度宜适当放缓。

2.2.7　航道疏浚的超宽与超深计算

航道疏浚是开发航道、增加和维护航道尺度的主要手段之一。在疏浚工程竣工验收时，在施工区域内是不允许出现浅点的，为使航道疏浚满足设计尺度，避免施工误差，在设计中应考虑疏浚作业时的水平和垂直的正负偏差，即计算进港航道工程量时应考虑各类挖泥船疏浚作业时的计算超宽值和计算超深值，如图 2.9～图 2.11 所示，并依此安排进度和投资。工程的最大超宽、最大超深不应超过计算超宽、计算超深的 2 倍，计算超宽值和计算超深值与挖泥船的类别及其机械性能有关。

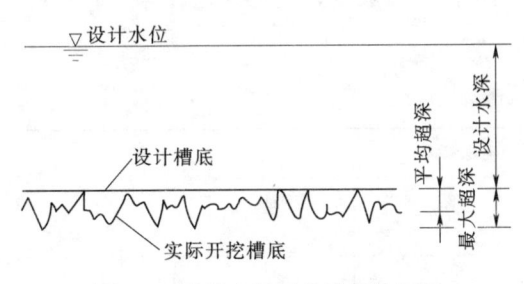

图 2.9　挖槽实际开挖槽底示意图

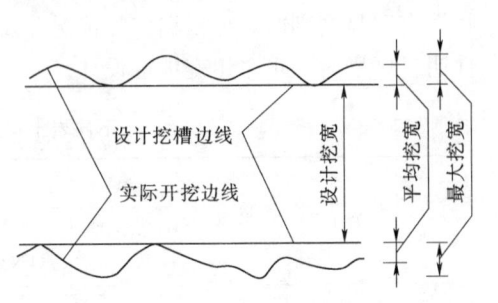

图 2.10　挖槽实际开挖边线示意图

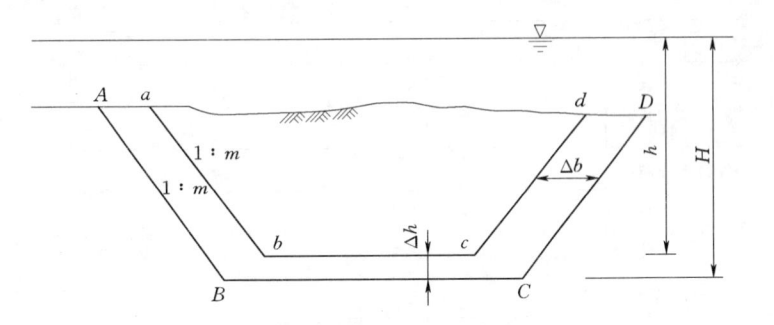

图 2.11　疏浚工程量计算断面示意图

abcd—设计断面；*ABCD*—计算土方断面；Δb—计算平均超宽；
Δh—计算平均超深；$1:m$—设计坡比；*h*—设计疏浚深度；*H*—计算深度

依据《海港工程设计手册》（第二版），计算超宽和计算超深可按表 2.6 选用。

表 2.6　　　　　　　　　　各类挖泥船计算超宽、计算超深值

类　　别		每边计算超宽/m	计算超深/m
耙吸挖泥船	舱容≥9000m³	6.0	0.55
	舱容<9000m³	5.0	0.50
绞吸挖泥船	装机总功率≥5000kW	4.0	0.40
	装机总功率<5000kW	3.0	0.30
链斗挖泥船	斗容≥0.5m³	4.0	0.35
	斗容≥0.5m³	3.0	0.30

资源 2.10
耙吸挖泥船

资源 2.11
绞吸挖泥船

资源 2.12
链斗挖泥船

续表

类 别		每边计算超宽/m	计算超深/m
抓斗挖泥船	斗容＞8m³	4.0	0.60
	斗容 4.0～8.0m³	4.0	0.50
铲斗挖泥船	斗容≥4.0m³	3.0	0.40
	斗容＜4.0m³	2.0	0.30

资源 2.13
抓斗挖泥船

资源 2.14
铲斗挖泥船

2.3 进港航道设计主要评价指标

2.3.1 港口服务水平 AWT/AST

AWT/AST 为船舶待时占其泊位停时的比例，是反映港口服务水平的指标之一。其中，AWT 是船舶平均等待时间，包括等待泊位和航道的时间；AST 是港口在正常情况下，平均装卸一艘船所需要的时间，即船舶泊位停时。合理的 AWT/AST 指标值与港口所在国家、地区的经济发展水平有关，实际应用时，应广泛征求港口及船公司的意见。

联合国贸易和发展会议在《发展中国家港口规划手册》指出："通常认为等泊位时间不宜超过装卸作业时间的 10%～50%（即 $0.1 \leqslant AWT/AST \leqslant 0.5$）"，而且"在进行港口规划的投资优化时，$AWT/AST$ 通常应该小于 0.3"。《台湾地区港埠能力调查分析与估算方式研究》报告中采用的 AWT/AST 值为 0.2。

2.3.2 沿海港口航道通过能力

沿海港口航道通过能力是指对于确定港区的给定航道，在港口正常生产作业状态下，达到指定的港口服务水平时，一年中通过该航道的所有船舶的载重吨总和（万 t/年）。

2.3.3 航道挖泥量及挖泥费

航道疏浚工程量与工程的投资直接相关，土方量计算对开展规划设计、控制总投资及分配资金具有重要意义。疏浚工程设计时计算的工程量应包括设计断面工程量、计算超宽与计算超深工程量。基槽和航道挖槽土方计算采用断面法，同一挖槽存在不同类别的土质设计时应分别计算其土石方量。

资源 2.15
航道挖泥量
及挖泥费

疏浚工程费由直接工程费、间接费、计划利润、税金和专项费用五部分组成。工程直接费包括定额直接费、其他直接费和现场经费。定额直接费是指施工过程中消耗的构成工程实体和有助于工程形成的各项费用，包括挖泥、运泥、吹泥费，开工展布、收工集合费，管线、管架安拆费；其他直接费指疏浚工程定额直接费以外施工过程中发生的直接费，比如卧冬费、山区航道施工增加费、疏浚测量费、施工浮标抛撒及使用与维护费、浚前扫床费、施工队伍调遣费等；现场经费指为施工准备、组织施工生产和管理所需要的费用，内容包括临时设施费和现场管理费。间接费是由企业管理费和财务费用两部分组成。

为简化计算、突出重点，本实验仅仅考虑挖泥量对应的挖泥费。

2.3.4 船舶等待时间及其成本

船舶在港时间包括船舶泊位停时 (Hotelling time at berth) 和船舶等待时间 (Waiting time)；船舶在港成本即为船舶泊位停时成本与船舶等待时间成本之和，即

$$C_s = \sum_{i=1}^{n} c_{si}(t_{si} + t_{wi}) \tag{2.11}$$

式中 C_s——船舶总在港时间成本，万元；

c_{si}——第 i 吨级船舶的单位船舶时间成本，万元/h；

t_{si}——第 i 吨级船舶接受服务时间，h；

t_{wi}——第 i 吨级船舶的等待时间，h。

其中，因船舶等待产生的成本，称之为船舶等待时间成本 C_w，即：$C_w = \sum_{i=1}^{n} c_{si} t_{wi}$。

船舶待泊费 c_s [万元/（艘·日）] 是指 1 艘船舶停泊 1 天所发生的费用，主要由船舶固定费用构成，还应加上因在港口停泊、与是否作业无关所发生的费用，此数额所占比重很小。c_s 相当于非航行的日成本，其数额可参考表 2.7，具体按照《中华人民共和国港口收费规则》规定计算。

船舶在港口的等待时间太长，势必会影响船方的经济效益，使航运公司运输成本大大增加，同时也会造成港口服务水平下降，影响港口竞争力。船舶在港等待时间长，如果是由于航道通过能力不足造成的，则船舶不能进出港口，导致泊位及装卸机械闲置、泊位能力不能有效发挥，港口建设投资不能带来应有的经济回报；如果是由于泊位数量不足或者港口的装卸机械效率过低造成的，则装卸机械一直处于满负荷运转，得不到正常的维护，必然也会对港口的营运水平造成影响。

本仿真实验中，以航道挖泥和船舶等待总费用最小为目标，优选航道设计方案。

表 2.7　　　　　　　　　　船　舶　待　泊　费　用

船种	船型	c_s /[万元/（艘·日）]	单吨（箱）分摊相对费用	船种	船型	c_s /[万元/（艘·日）]	单吨（箱）分摊相对费用
集装箱船（TEU）	600	6.9	1	杂货船 DWT/t	5000	3.0	
	1600	10.1	0.55		10000	5.2	
	2500	12.8	0.45	多用途船 DWT/t	5000	4.8	
	3500	16.0	0.40		20000	8.0	
	4800	17.2	0.31	油船 DWT/t	20000	9.2	1
	6000	23.3	0.34		30000	11.4	0.83
散货船 DWT/t	40000	9.6	1		70000	18.0	0.56
	70000	13.8	0.82		125000	22.0	0.38
	100000	22.8	0.83		280000	31.8	0.25

2.4 工 程 实 例

2.4.1 天津港航道扩宽工程

2014 年天津港建成复式航道并正式通航，该复式航道中间为主航道，通航底高程－21.4m，30 万吨级船舶通航宽度 397m，25 万吨级船舶通航宽度 420m，在主航道南北两侧平行于主航道各挖 1 条通航宽度 100m、通航底高程－8.6m 的万吨级单线航道，北进南出，使大小船分流，各行其道，主航道与南北两侧的万吨级航道构成复式航道，详见图 2.12。天津港复式航道使进出港船舶总数 70％的万吨级以下小船从两侧单线航道进出，主航道只航行 30％的万吨级以上船舶，大大减轻了主航道的通航密度。复式航道中大小船分道航行，中间设 80m 航道分隔带，用分隔标标示，大船航速可以充分发挥，同时万吨级以下船舶进出港分道航行，也增加了航道的通行能力。

资源 2.16
天津港航道
扩宽工程

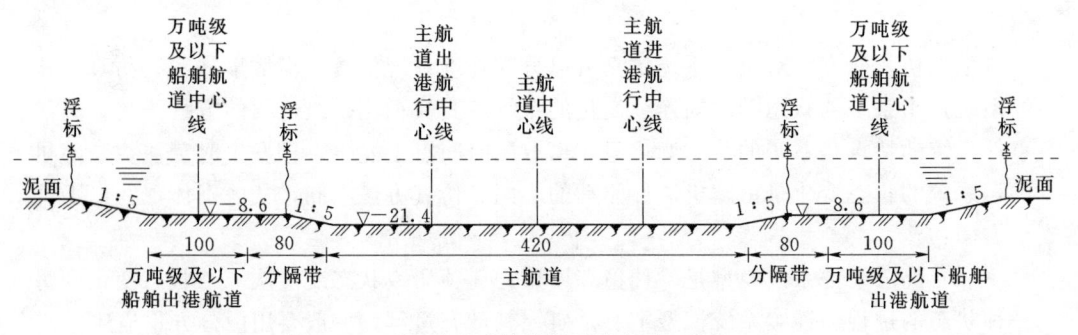

图 2.12 天津港复式航道断面示意图（单位：m）

2.4.2 长江口深水航道治理工程

潮汐河口条件复杂，潮汐河口航道治理一般采取维护疏浚和工程整治相结合的方案，集中水流，改变流速场，加大挟沙能力，以达到维持或加深航道的要求，如我国长江口深水航道治理工程，便是采用整治与疏浚结合的方案，通过建设分流口、双导堤及丁坝工程，采用疏浚措施开挖形成并维护深水航道。

资源 2.17
长江口深水航
道治理工程

长江口深水航道治理工程是我国水运工程史上最大的工程，自 1998 年 1 月 27 日一期工程开工到 2010 年 3 月 14 日三期工程交工验收，形成导堤、丁坝等整治建筑物 169.165km，完成基建疏浚方量约 3.2 亿 m³，形成长 92.2km、底宽 350～400m 的深水航道，航道维护水深 7m 增至 12.5m，可满足第三、第四代集装箱船和 5 万吨级船舶全潮双线通航的要求，同时兼顾满足第五、第六代大型远洋集装箱船和 10 万吨级满载散货船及 20 万吨级减载散货船乘潮通过长江口的要求。

第3章
船舶航行作业系统仿真

资源 3.1
系统仿真
基本理论

3.1 系统仿真基本理论

3.1.1 系统仿真及分类

系统仿真（System simulation）就是根据系统分析的目的，在分析系统各要素性质及其相互关系的基础上，建立能描述系统结构或行为过程的、且具有一定逻辑关系或数量关系的仿真模型，据此进行试验或定量分析，以获得正确决策所需的各种信息。

根据仿真研究的对象，系统仿真可以分为连续系统仿真和离散事件系统仿真。连续系统是指系统的状态随时间连续变化的系统，其模型用一组连续的方程描述。离散事件系统的特点是系统的状态变化只在离散的时间点上发生，且发生时刻往往是随机的，系统的状态变化是由随机事件驱动的。两者仿真方法不同，其区别体现在以下几个方面：

（1）离散事件系统模型是一种稳态模型，无须研究状态变量从一种状态变化到另一种状态的过程。连续系统模型主要是研究其动态过程，一般要用微分方程描述。

（2）离散事件系统中的变量多数是随机的，例如实体的"到达"和"服务"时间都是随机变量。仿真实验的目的是用大量抽样的统计结果来逼近总体分布的统计特征值，因而需要进行多次仿真和较长的仿真时间。

（3）连续系统仿真中采用均匀步长推进仿真时钟，而离散事件系统仿真中时间的推进取决于系统的状态条件和事件发生的可能性。

3.1.2 基本概念

在离散事件系统仿真中，常常用到实体、属性、活动、事件和进程等概念。

1. 实体

实体（Entity）是组成系统的各种要素，即系统的物理单元。系统中的实体可以分为永久实体和临时实体。

永久实体是指经常处于系统之内，其数量保持稳定的实体，如船舶航行系统中的航道、锚地、泊位等。临时实体又称为主动实体、活动实体，是指进入系统并经过相应的环节后再离开系统，在系统中的数量经常变化的实体。例如，船舶到达港口，依次经过航道航行、靠泊作业，作业结束后即离开泊位，在整个进程中，船舶起着桥梁作用，可以看成系统的临时实体。永久实体又称为资源，它是为临时实体提供服务的实体。资源在同一时间能够为一个或多个临时实体提供服务。临时实体要求资源被拒绝，它或者进入队列等待或者进行其他活动。如果临时实体获得资源，要占用一段时间，然后释放资源。

2. 属性

属性（Attribute）是实体特征的描述，用特征参数变量来表示，如船舶的属性有货种、吨级、尺度、航行速度、单船装卸量等。选用哪些特征参数作为实体的属性与建模目的有关，一般可参照"便于实体的分类""便于实体行为的描述"和"便于排队规则的确定"等原则选取。

3. 事件

事件（Event）是描述系统的一个基本要素，是指引起系统状态变化的行为，系统的动态过程是靠事件来驱动的。例如，船舶到达港口，对于该事件发生必然会引起锚地等待船舶数量，或者泊位忙闲状态的变化。事件一般分为两类：必然事件和条件事件。只与时间有关的事件称为必然事件。如果事件发生不仅与时间因素有关，而且还与其他条件有关，则称为条件事件。系统仿真过程，最主要的工作就是分析这些必然事件和条件事件。

4. 活动

活动（Activity）是占用一定时间和资源使系统状态发生变化的过程或行为，通常用于表示两个可以区分的事件之间的过程，它标志着系统状态的转移。例如，在船舶航行系统中，船舶到达至进入航道之间是排队活动，该活动引起锚地等待船舶队列长度的变化。活动所占用的时间区段称为忙期（Duration），忙期可以是定时的或随机的。在离散事件建模中，一般要给出忙期的计算公式或者概率分布函数，从而保证实体一进入某个活动时其忙期就可计算，或从某一个概率分布函数中抽取得到。如"泊位"对"船舶"的服务，其忙期可以由单船装卸量与船时效率的比值计算，也可以从负指数分布或爱尔兰分布中抽取得到。

5. 系统状态

系统状态（System state）是指在某时间点对系统的所有实体属性和活动的描述。当一个系统的所有实体处于状态协调并有定义状态的属性时，此时系统处于特定状态。在船舶航行作业系统中，船舶有"等待服务""接受服务"等状态，泊位则有"忙""闲"，甚至"故障"等状态。

6. 进程

进程（Process）是由若干有序事件与若干有序活动组成的过程，它描述了各事件活动发生的相互逻辑关系及时序关系。事件、活动与进程的关系如图 3.1 所示。例如，在船舶航行作业系统中，一艘船舶到达港口，经过锚地待泊、驶入航道、靠泊装卸作业，作业完毕后离开泊位，进入航道后离开港区可称为一个进程。

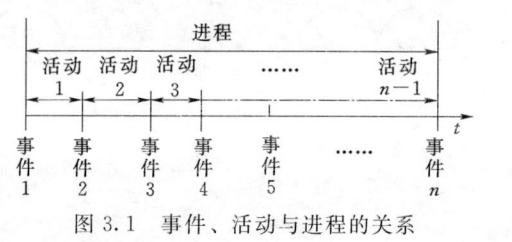

图 3.1　事件、活动与进程的关系

7. 队列

队列（Queue）是指处于等待状态的实体序列。一般按照新到的实体排在队尾的次序组成队列。在离散事件建模中，队列可以作为一种状态或者特殊实体看待。

8. 未来事件表

离散系统仿真的核心是随机离散事件的发生和由此引起的相对活动的执行。随着仿真时钟的推进，某一随机事件的出现，必将引起新的未来事件，并使系统的状态发生变化，从而使仿真进程得以持续。每当仿真时钟推进到某一事件的发生时刻时，由此触发所引起的新的未来离散事件将按其发生时刻的先后次序排入到未来事件表（Future Events List，FEL）的正确位置。未来事件表不仅是仿真时钟推进的依据，同时也是保证系统中的未来事件严格按时间顺序正确排列的工具。通过未来事件表，系统还可以终止仿真的运行。

9. 仿真时钟及其推进方式

系统仿真是动态仿真，系统状态、活动的实体数和实体属性以及正在处理的活动等都是时间的函数，需要不断地记录各事件的发生时刻，并进行时间统计。仿真时钟（Simulation clock）用于表示仿真时间的变化，是随着仿真的进程不断更新的时钟机构，它给出系统运行中各事件状态变化的时间量度。通常，在仿真开始时将仿真时钟（Simulated time）置零，随后，仿真时钟按一定的推进方式不断给出仿真时间的当前值。仿真时间表示仿真运行的系统时间，其单位可以是秒、分钟、小时甚至是月份。

推进仿真时钟的方法主要有固定增量时间推进法（基于时间间隔的仿真时钟，也称为周期扫描法）和下次事件时间推进法（基于事件的仿真时钟）等。一般说来，基于事件的仿真时钟多用于离散事件系统仿真，而基于时间间隔的仿真时钟既可用于连续系统仿真，也可用于离散事件系统仿真。

（1）固定增量时间推进法。仿真时钟按照等步长（Δt）时间单位推进，仿真时间每次变化后，便进行一次系统扫描，判定在相应的步长内是否发生了事件。若有事件发生，则将事件移至该区间的终点处，处理事件并更新系统状态，否则继续推进仿真时钟，如此反复直至仿真终止，如图 3.2（a）所示。

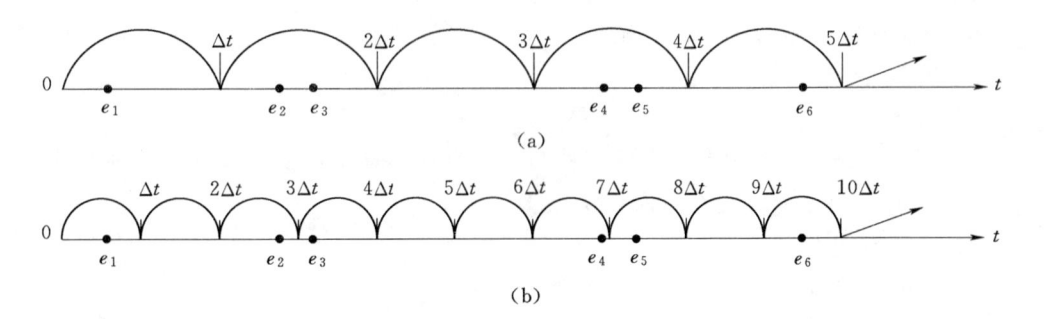

图 3.2　固定增量时间推进法（e_i 为事件 i）

固定增量时间推进法所计算的事件发生时间均为周期的终止处，并在周期终止处才处理周期中发生的时间。如果一个周期内有两个或两个以上事件发生，那么这些可能非同时发生的事件要被视为同时事件，在建模时必须确定一组规则，指明同时事件的处理次序。为了克服上述缺点，减少推进步长 Δt，如图 3.2（b）所示。很明显，步长越小，完成的仿真所需要的计算工作量越大。另外，某些时间间隔内并没有任何事件发生，模型也要进行系统扫描并推进时钟，如图 3.2（a）中 $[2\Delta t，3\Delta t]$，图 3.2（b）中 $[\Delta t，2\Delta t]$、$[4\Delta t，5\Delta t]$、$[5\Delta t，6\Delta t]$、$[8\Delta t，9\Delta t]$ 等，从而浪费大量时间。因此，固定增量时间推进法很少用于离散事件仿真，而是主要用于系统状态变化具有较强周期性的模型中。

（2）下次事件时间推进法。将事件作为仿真模型的基本模型单元，按照事件发生的先后顺序不断执行相应的事件。建立模型时，要建立一个未来事件表，由时间控制子程序从未来事件表中选择最早发生时间的事件，并将仿真时钟修改到该事件发生的时间，根据事件类型调用相应的事件子程序。在事件子程序中，改变系统状态，生成新的未来事件放入未来事件表，并进行所需要的统计计算。如果是条件事件，应先进行条件测试，以确定该事件是否能发生。如果条件不满足，则推迟或取消事件。事件处理子程序执行完成后返回主程序，继续执行时间控制子程序。这样，事件的选择与处理不断地进行，直至仿真终止的条件（或事件）产生为止。

离散事件仿真模型的系统状态仅在各事件发生的时刻才有变化，仿真时钟可以从一个事件时间跳到另一个事件时间，则系统中不活动期间就被越过了，会大大提高仿真效率。

例如，将下次事件时间推进法用于单对单服务系统。设：

t_i：第 i 个顾客到达的时刻（$t_0=0$）；

A_i：第 $i-1$ 与第 i 个顾客之间的到达间隔 $t_i=t_{i-1}+A_i$；

S_i：服务员为第 i 个顾客服务的服务时间；

c_i：第 i 个顾客排队完成服务并离去的时刻，$c_i=t_i+D_i+S_i$；

D_i：第 i 个顾客排队等待时间 $D_i=c_{i-1}-t_i$；

b_i：任何一种类型事件发生的时刻，仿真时钟取第 i 个值（$b_0=0$）。

这些定义的变量都是随机变量，A_i、S_i（$i=1$，2，…）的概率分布已知，可通过随机数生成器产生，时间推进过程如图 3.3 所示，则

$b_1=t_1$，$b_2=t_2$；$b_3=c_1$；$b_4=c_3$，$b_5=c_2$，$t_2=t_1+A_2$，$t_3=t_2+A_3$，$D_2=c_1-t_2$，$c_2=c_1+S_2$。

3.1.3 仿真策略

仿真策略即离散事件系统仿真的算法，常用事件调度法、活动扫描法和进程交互法。

1. 事件调度法

事件调度法是以事件为中心的仿真策略，是最常见的仿真调度策略。在采用事件调度法对离散时间系统建模时，建模者要考虑系统中会发生哪些事件，每个事件发生后应该进行哪些处理，以及事件处理的结果是什么。事件的处理可能会改变实体的状态，引发需要在当前时刻处理的新事件，或者引发在将来某个时间点处理的新事件。

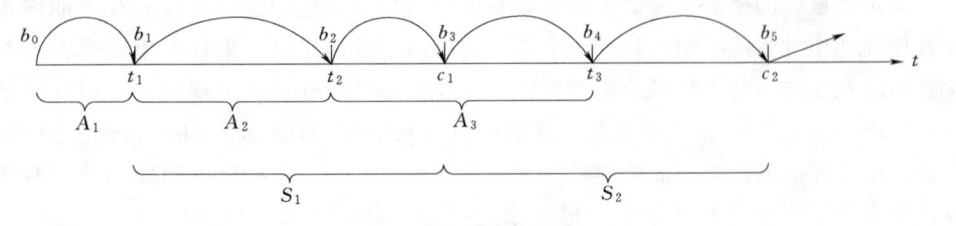

图 3.3　下次事件时间推进法

时钟推进到下一个事件发生的时刻后，系统将执行当前仿真时刻的事件处理例程。事件的处理引发新的事件，从而形成事件循环，推进仿真运行。当系统中不再有事件发生或仿真时钟到达预定的仿真结束时刻时，仿真终止运行。

2. 活动扫描法

活动扫描法是以活动发生的条件为主线的仿真策略。每个活动都有一个发生的状态统计和相应的处理程序（一般为活动例程）。活动例程给出当满足活动开始条件时，应当完成的一组操作。建模者的主要任务是分析可能导致活动发生的各种条件，并分别绘出相应的操作内容，包括未来某一时刻要完成的动作。仿真运行时，根据下一状态变化的时刻不断推进仿真时钟，每当时钟推进一步，就对所有的活动发生条件进行扫描，并执行被激活的活动例程。当系统中不再有活动发生或仿真时钟到达预定的结束时刻时，仿真终止。

3. 进程交互法

进程交互法是以实体在系统中的行为过程为主线的仿真策略。一个进程一旦被执行，就会尽可能地推进下去，直至出现中断或进程结束。中断的出现是由于执行该进程所需的资源得不到满足，实体不得不排队等待。系统会监督整个系统的状态，当实体要求的资源得到满足时，将唤醒等待的进程继续执行。在复杂系统中，按照进程的方式组织事件，可使众多的事件条理清晰，是一种比较常用的方法。

3.1.4　排队系统仿真

在离散系统仿真模型的排队系统中，将要得到服务的对象称为顾客，提供服务的服务者称为服务系统。对排队系统一般地描述为：顾客为得到某种服务而不断到达系统，若提供服务的服务系统由于容量或故障的原因不能够立刻提供服务，则顾客按照一定的排队规则加入等待队伍，如图 3.4 所示。

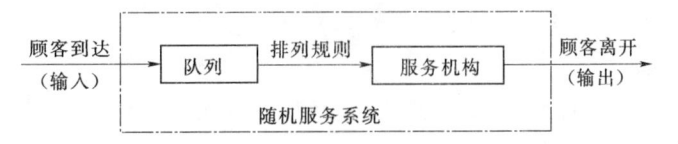

图 3.4　排队服务过程图

1. 到达过程

到达过程一般是由顾客到达的间隔时间的概率分布或单位时间内到达的顾客数描述。根据分布的不同，到达过程可分为定长到达、泊松到达及一般到达等。在到达过程中，顾客到达又可分为单个到达、成批到达、依时到达以及移态到达等。顾客相继到达的间隔时间可以是确定型的，也可以是随机型的。随机型的输入是指在时间 t 内顾客到达数 $n(t)$ 服从一定的随机分布。

2. 排队规则

排队规则用于描述到达服务系统的顾客按照何种规则进行排队，以便接受服务，一般可分为等待制、损失制及混合制等。在等待制中，为顾客进行服务的次序可以是先到先服务，或后到先服务，或是随机服务和有优先权服务（如医院接待急救病人）。如果顾客来到后看到服务机构没有空闲立即离去，则为损失制。有些系统因留给顾客排队等待的空间有限，因此超过所能容纳人数的顾客必须离开系统，这种排队规则就是混合制。排队方式还分为单列、多列和循环队列。

3. 服务过程

服务过程一般可用一个顾客服务时间的概率分布来描述。服务系统可以有一个或多个服务台；多个服务台可以是平行排列、前后排列或者混合排列的；服务方式可以对单个顾客进行，也可以对成批的顾客进行；服务时间分为确定型的和随机型的；服务时间的分布是平稳的，即分布的期望值、方差等参数都不受时间的影响。

3.2　单服务台排队系统仿真实例

以某小镇的一个小杂货铺为例，用手工的方式说明计算机仿真的过程。该小杂货铺目前只有 1 个服务台，据统计可知：

（1）顾客到达间隔时间为 1~8min 均匀分布 $U(1, 8)$，见表 3.1。

（2）服务时间为 1~6min，其分布见表 3.2。

表 3.1　到达间隔时间分布

到达间隔时间/min	概　率	累积概率	到达间隔时间/min	概　率	累积概率
1	0.125	0.125	5	0.125	0.675
2	0.125	0.250	6	0.125	0.750
3	0.125	0.375	7	0.125	0.875
4	0.125	0.500	8	0.125	1.000

表 3.2　服务时间分布

服务时间/min	概　率	累积概率	服务时间/min	概　率	累积概率
1	0.10	0.10	4	0.25	0.85
2	0.20	0.30	5	0.10	0.95
3	0.30	0.60	6	0.05	1.00

（3）顾客源无限，先到先服务，单个服务的等待制系统，即当一个顾客到达，如果服务台空闲，立即接受服务；如果服务台繁忙，就只能到队列最后排队等待，当服务完成后，服务台就从队列中选择下一个顾客为其提供服务，排队规则是先到先服务。

试通过仿真 $N = 100$ 个顾客的到达与接受服务，来分析该小杂货铺的运营状况，如顾客的平均等待时间、顾客必须在队列中等待的概率、服务台空闲的概率、平均服务时间、平均到达时间、排队等待顾客的平均等待时间和顾客平均逗留时间等。

3.2.1　系统分析

该系统中的事件包括顾客到达、顾客离开和终止等。各个事件处理的内容具体如下：

（1）顾客到达，新的顾客到达系统。①安排下一个新顾客适时到达，将其到达事件记录插入未来事件表；②更新随时间变化的统计量；③保存到达顾客的到达时间到某属性中，用于统计该顾客在系统中逗留时间和排队时间；④如果服务台空闲，则到达顾客立即开始服务（其排队时间为 0），将服务台状态置为"忙"，并安排该顾客的离开事件，统计该顾客的排队时间；否则，将顾客置于队列末尾，队长变量加 1。

（2）顾客离开，顾客接受服务结束后准备离开系统。①服务顾客数统计累加器加 1；②计算并记录顾客的系统逗留时间；③更新随时间变化的统计量；如果服务台前的队列还有顾客，将排在第一位的顾客取出，计算、记录其排队时间并开始服务该顾客，并安排其离开事件，将事件记录插入未来事件表中；否则，将服务台置为"闲"。

（3）终止，仿真过程结束。①更新随时间变化的各统计量；②计算各输出性能指标的最终值，并汇总成总结报告。

在本例中，模型输入包括到达间隔时间和服务时间，分别由均匀分布和离散分布来定义，见表 3.1 和表 3.2。

由概率分布抽样产生仿真实验输入值，即确定到达时间间隔和服务时间。通常，使用"随机数"来模拟现实生活所存在的随机性。在实际中，随机数的生成或者使用程序库中已有的可用程序，或者应用仿真建模语言中内嵌的程序。例如，Excel 中有个宏函数 RAND()，该函数返回一个 0~1 之间的随机数。本例中，到达间隔时间和服务时间抽样样本（部分），分别列于表 3.3 和表 3.4。

表 3.3　　　　　　　　　　　到达间隔时间抽样样本

顾客	到达时间 /min	达到间隔时间 /min	顾客	到达时间 /min	达到间隔时间 /min
1	0	—	6	18	4
2	5	5	7	25	7
3	7	2	8	27	2
4	12	5	9	33	6
5	14	2	10	41	8

续表

顾客	到达时间/min	达到间隔时间/min	顾客	到达时间/min	达到间隔时间/min
11	45	4	16	72	5
12	52	7	17	79	7
13	54	2	18	81	2
14	62	8	⋮	⋮	⋮
15	67	5	100	430	1

表 3.4   **服务时间抽样样本**

顾客	服务时间/min	顾客	服务时间/min
1	3	11	4
2	3	12	5
3	2	13	3
4	5	14	3
5	2	15	5
6	2	16	1
7	3	17	5
8	1	18	3
9	3	⋮	⋮
10	3	100	3

3.2.2 仿真执行过程

实际上，要分析该小杂货铺的运营状况，得到一个稳定可靠的评价，100 个顾客样本太少，需要增加样本来提高仿真结果的精度。本节仅仿真 100 个顾客的到达与接受服务，只是用来演示如何应用手算方式或电子表格方式来模拟简单的仿真过程，使读者熟悉仿真的基本概念和基本步骤。

表 3.5 给出了该小杂货铺排队问题的手工仿真过程，其中每一行表示一个事件，其中相关的顾客号位于第一列，发生时间位于第二列，其他各列给出了该事件处理完毕后系统的状态及实体属性，具体含义如下：

（1）事件类型：给出所发生事件的类型，Arr 表示到达事件，Dep 表示离开事件。

（2）变量：给出队长变量 $Q(t)$ 和服务台状态变量 $B(t)$ 的当前值。

（3）属性：当实体进入系统时，其到达时间被赋给一个属性。对于正在服务台接受服务的实体，该属性值在"属性"栏右侧，而队列中各实体的到达时间则按从右到左的顺序排列在"属性"栏左侧。仿真过程中，跟踪这些数据，便于统计顾客接受服务开始时其排队时间，并在顾客离开系统时计算其系统逗留时间。

（4）统计累加器：统计累加器在仿真开始时需要初始化，并在仿真过程中不断更新。统计累加器主要统计以下内容：

$\sum T$：仿真总运行时间，min；

$\sum CW$：等待的顾客总数，个；

$\sum SIT$：服务台总空闲时间，min；

$\sum ST$：服务台总服务时间，min；

$\sum CWT$：顾客总等待时间，min；

$\sum CIT$：顾客总到达间隔时间，min；

$\sum CRT$：顾客总逗留时间，min。

下面简单描述一下仿真的执行过程：

（1）$t=0.00$，初始化：首先，模型初始化，将所有变量和统计累加器的初值设为 0，队列设为空，服务台状态设为"闲"；其次，将第一个顾客的到达事件（其发生时间为 0.00，[1，0.00，Arr]）放入未来事件表；最后，检查下一个将要发生的事件，并从未来事件表中取出第一个记录——顾客 1 在 0.00 时刻到达。

（2）$t=0.00$，顾客 1 到达：①安排下一个顾客（顾客 2）到达事件（[2，5.00，Arr]），即生成第 2 个顾客，并且其到达时间为 5.00，即当前时间 0.00 加上顾客 1 和 2 的到达间隔时间（5min），并将该事件插入未来事件表；②顾客 1 的到达使服务台由"闲"变为"忙"[$B(t)=1$]，服务台立即开始服务顾客 1，队列仍为空，将其到达时间存入其属性中的"接受服务实体"一栏，各统计累加器仍保持为 0；③顾客 1 的服务时间为 3min，其离开事件发生在时刻 $t=5.00$（[1，3.00，Dep]），并将其插入到未来事件表中；④取出未来事件表的顶端记录，即下一个事件是顾客 1 在时刻 $t=3.00$ 离开系统。

（3）$t=3.00$，顾客 1 离开：这是一个离开事件，顾客 2 的到达事件已安排过（[2，5.00，Arr]），将在时刻 $t=5.00$ 到达系统，无须安排新的到达时间。①顾客 1 已经接受完服务并离开，队列为空，将服务台由"忙"变为"闲"[$B(t)=0$]；②统计累加器 $\sum T$、$\sum ST$ 和 $\sum CRT$ 均为 3min，$\sum SIT$、$\sum CIT$ 和 $\sum CWT$ 仍保持为 0；③按事件发生的先后顺序，下一个事件为顾客 2 在时刻 $t=5.00$ 到达系统。

（4）$t=5.00$，顾客 2 到达：①安排下一个顾客（顾客 3）到达事件（[3，7.00，Arr]），即生成第 3 个顾客，并且其到达时间为 7，即当前时间 5.00 加上顾客 2 和 3 的到达间隔时间（2min），并将该事件插入未来事件表；②顾客 2 的到达使服务台由"闲"变为"忙"[$B(t)=1$]，服务台立即开始服务顾客 2，队列为空，将其到达时间存入其属性中的"接受服务实体"一栏，$\sum T$ 更新为 5min，服务台空闲时间 $\sum SIT$ 为 2min，$\sum CIT$ 为 5min，其他保持不变；③顾客 2 的服务时间为 3min，其离开事件发生在时刻 $t=7.00$（[2，8.00，Dep]），并将其插入未来时间表中；④取出未来事件表的顶端记录，下一个事件为顾客 3 在时刻 $t=7.00$ 到达系统。

（5）$t=7.00$，顾客 3 到达：①安排下一个顾客（顾客 4）到达事件（[4，12.00，Arr]），即生成第 4 个顾客，并且其到达时间为 12.00，即当前时间 7.00 加上顾客 3 和 4 的到达间隔时间（5min），并将该事件插入未来事件表；②顾客 3 到达时，服务台处于忙态 [$B(t)=1$]，于是进入队列，此时队长 $Q(t)$ 由 0 增至 1，将顾客 3 的到达时间存入属性中"队列中实体"一栏；③由于顾客 2 仍在服务台接受服务，顾客 3

的到达事件不能产生新的离开事件，而且顾客 3 的等待时间也无法确定，故总排队时间 $\sum CWT$ 仍保持不变，$\sum T$、$\sum ST$、$\sum CIT$ 和 $\sum CRT$ 相应地分别更新为 7min、5min、7min 和 5min；④按事件发生的先后顺序，下一个事件为顾客 2 在时刻 $t=$ 8.00 离开系统。

(6) $t=8.00$，顾客 2 离开：①顾客 2 已经接受完服务并离开，取出排队顾客 3 接受服务台服务，将服务台仍处于"忙"态 $[B(t)=1]$，队长 $Q(t)=0$；②顾客 3 的服务时间为 2min，其离开事件发生在时刻 $t=10.00$（[2，10.00，Dep]），并将其插入未来时间表中；③$\sum SIT$、$\sum CIT$ 保持不变，$\sum CWT$ 变为 1min，而 $\sum T$、$\sum ST$ 和 $\sum CRT$ 相应地更新为 8min、6min 和 6min；④按事件发生先后顺序，下一个事件为顾客 3 在时刻 $t=10.00$ 离开系统。

(7) $t=10.00$，顾客 3 离开：①顾客 3 已经接受完服务并离开，此时队列为空，将服务台由"忙"变为"闲"$[B(t)=0]$；②$\sum SIT$、$\sum CIT$ 和 $\sum CWT$ 保持不变，$\sum T$、$\sum ST$ 和 $\sum CRT$ 相应更新为 10min、8min 和 9min；③取出未来事件表的顶端记录，下一个事件为顾客 4 在时刻 $t=12.00$ 到达系统。

(8) $t=12.00$，顾客 4 到达：①安排下一个顾客（顾客 5）到达事件（[5，14.0，Arr]），即生成第 5 个顾客，并且其到达时间为 14.00，即当前时间 12.00 加上顾客 4 和顾客 5 的到达间隔时间（2min），并将该事件插入未来事件表；②顾客 4 到达系统，服务台处于"闲"态，立即接受服务台服务，服务台由"闲"变为"忙"$[B(t)=$ 1]，并将其到达时间存入其属性中的"接受服务实体"一栏；③顾客 4 的服务时间为 5min，其离开事件发生在时刻 $t=17.00$（[4，17.0，Dep]），并将其插入未来时间表中；④$\sum ST$、$\sum CRT$、$\sum CWT$ 仍保持不变，$\sum T$、$\sum ST$、$\sum CIT$ 分别为 12min、4min 和 12min；⑤按事件发生时间的先后顺序，下一个事件为顾客 5 在时刻 $t=$ 14.00 到达系统。

(9) $t=14.00$，顾客 5 到达：①安排下一个顾客（顾客 6）到达事件（[6，18.0，Arr]），即生成第 6 个顾客，并且其到达时间为 18.00，即当前时间 14.00 加上顾客 5 和顾客 6 的到达间隔时间（4min），并将该事件插入未来事件表；②顾客 5 到达系统，服务台处于"忙"态 $[B(t)=1]$，顾客 5 进入队列等待，并将其到达时间存入其属性中的"队列中实体"一栏，$Q(t)=1$；③由于顾客 4 仍在服务台接受服务，顾客 5 的到达事件不能产生新的离开事件，而且顾客 5 的等待时间也无法确定，故总排队时间 $\sum CWT$、$\sum SIT$ 和 $\sum CRT$ 仍保持不变，$\sum T$、$\sum ST$、$\sum CIT$ 分别为 14min、10min 和 14min；④按事件发生时间的先后顺序，下一个事件为顾客 4 在时刻 $t=17.00$ 离开系统。

(10) $t=17.00$，顾客 4 离开：①顾客 4 已经接受完服务并离开，取出排队顾客 5 接受服务台服务，将服务台仍处于"忙"态 $[B(t)=1]$，队长 $Q(t)=0$，$\sum CWT=$ 4，并将其到达时间存入其属性中的"接受服务实体"一栏；②顾客 5 的服务时间为 2min，其离开事件发生在时刻 $t=19.00$（[5，19.0，Dep]），并将其插入未来时间表中；③$\sum SIT$ 和 $\sum CIT$ 保持不变，$\sum T$、$\sum ST$ 和 $\sum CRT$ 相应更新为 17min、13min 和 14min；④取出未来事件表的顶端记录，下一个事件为顾客 6 在时刻 $t=18.00$ 到达系统。

（11）$t=18.00$，顾客 6 到达：①安排下一个顾客（顾客 7）到达事件（[7，25.0，Arr]），即生成第 7 个顾客，并且其到达时间为 25.00，即当前时间 18.00 加上顾客 6 和 7 的到达间隔时间（7min），并将该事件插入未来事件表；②顾客 6 到达系统，服务台处于"忙"态 $[B(t)=1]$，顾客 6 进入队列等待，并将其到达时间存入其属性中的"队列中实体"一栏，$Q(t)=1$；③$\sum SIT$、$\sum CRT$ 和 $\sum CWT$ 仍保持不变，而 $\sum T$、$\sum ST$、$\sum CIT$ 分别为 18min、14min 和 18min；④按事件发生时间的先后顺序，顾客 5 在时刻 $t=19.00$ 离开系统。

（12）$t=19.00$，顾客 5 离开：①顾客 5 已经接受完服务并离开，取出排队顾客 6 接受服务台服务，将服务台仍处于"忙"态 $[B(t)=1]$，队长 $Q(t)=0$，$\sum CWT=5$，并将其到达时间存入其属性中的"接受服务实体"一栏；②顾客 6 的服务时间为 2min，其离开事件发生在时刻 $t=21.00$（[6，21.0，Dep]），并将其插入未来时间表中；③按事件发生时间的先后顺序，下一个事件为顾客 6 在时刻 $t=21.00$ 离开系统。

（13）$t=21.00$，顾客 6 离开：①顾客 6 已经接受完服务并离开，没有排队等候的顾客，将服务台置为"闲"态 $[B(t)=0]$；②$\sum T$、$\sum ST$ 和 $\sum CRT$ 均为 3min，$\sum SIT$、$\sum CIT$ 和 $\sum CWT$ 仍保持为 0；③按事件发生的先后顺序，下一个事件为顾客 2 在时刻 $t=5.00$ 到达系统。$\sum SIT$、$\sum CIT$ 和 $\sum CWT$ 均保持不变，$\sum T$、$\sum ST$ 和 $\sum CRT$ 分别为 21min、17min 和 22min。

表 3.5 最后一行，给出了仿真终止时的情形，以及各统计累加器的最终值。

表 3.5　　　　　　　　　　　　手工仿真过程记录表

刚完成时间			变量		属性		统计累加器						未来事件表
					到达时间								
顾客序号	发生时间	事件类型	$Q(t)$	$B(t)$	队列中实体	接受服务实体	$\sum T$	$\sum ST$	$\sum SIT$	$\sum CIT$	$\sum CRT$	$\sum CWT$	[序号，发生时间，事件类型]
—	0.00	Init	0	0			0	0	0	0	0	0	[1，0.00，Arr]
1	0.00	Arr	0	1	()	0.00	0	0	0	0	0	0	[1，3.00，Dep] [2，5.00，Arr]
1	3.00	Dep	0	0	()	—	3	3	0	0	3	0	[2，5.00，Arr]
2	5.00	Arr	0	1	()	5.00	5	3	2	5	3	0	[3，7.00，Arr] [2，8.00，Dep]
3	7.00	Arr	1	1	(7)	5.00	7	5	2	7	5	0	[2，8.00，Dep] [3，10.0，Dep] [4，12.0，Arr]
2	8.00	Dep	0	1	()	7.00	8	6	2	7	6	1	[3，10.0，Dep] [4，12.0，Arr]
3	10.00	Dep	0	0	()	—	10	8	2	7	9	1	[4，12.0，Arr]
4	12.00	Arr	0	1	()	12.00	12	8	4	12	9	1	[5，14.0，Arr] [4，17.0，Dep]

刚完成时间			变量		属性		统计累加器						未来事件表
					到达时间								[序号，发生时间，事件类型]
顾客序号	发生时间	事件类型	$Q(t)$	$B(t)$	队列中实体	接受服务实体	$\sum T$	$\sum ST$	$\sum SIT$	$\sum CIT$	$\sum CRT$	$\sum CWT$	
5	14.00	Arr	1	1	(14)	12.00	14	10	4	14	9	1	[4，17.0，Dep] [6，18.0，Arr]
4	17.00	Dep	0	1	( )	14.00	17	13	4	14	14	4	[6，18.0，Arr] [5，19.0，Dep]
6	18.00	Arr	1	1	(18)	14.00	18	14	4	18	14	4	[5，19.0，Dep] [7，25.0，Arr]
5	19.00	Dep	0	1	( )	18.00	19	15	4	18	19	5	[6，21.0，Dep] [7，25.0，Arr]
6	21.00	Dep	0	0	( )	—	21	17	4	18	22	5	[7，25.0，Arr]
...	...	...	...	...	...	...	...	...	...	...	...	...	...
100	438	Dep	0	0	( )	—	438	313	125	430	437	124	—

3.2.3 仿真结果分析

表 3.6 给出该小杂货铺排队系统的仿真表。其中，最右边的两列用于收集系统统计量度，比如每个顾客在系统中的逗留时间以及服务台从前一顾客离去后的空闲时间等。表中最后一行列出了顾客到达间隔时间、服务时间、顾客在系统中的逗留时间、服务台空闲时间以及顾客在队列中等待时间的总数。

表 3.6 小杂货铺排队系统的仿真表

顾客	达到间隔/min	到达时间	服务时间/min	服务开始时间	等待时间/min	是否等待	服务结束时间	顾客逗留时间/min	服务台空闲时间/min
1	—	0	3	0	0	1	3	3	
2	5	5	3	5	0	1	8	3	2
3	2	7	2	8	1	0	10	3	0
4	5	12	5	12	0	1	17	5	2
5	2	14	2	17	3	0	19	5	0
6	4	18	2	19	1	0	21	3	0
7	7	25	3	25	0	1	28	3	4
8	2	27	1	28	1	0	29	2	0
9	6	33	3	33	0	1	36	3	4
10	8	41	3	41	0	1	44	3	5
...	...	...	...	...	...	...	...	...	...
总计	430		313		124	55		437	125

从表 3.6 中的仿真结果中，可以得到如下一些结果：

（1）顾客的平均等待时间：$\sum CWT/N = 124/100 = 1.24\text{min}$。

（2）顾客必须在队列中等待的概率：$\sum CW/N = 55/100 = 0.55$。

（3）服务台空闲的概率：$\sum SIT/\sum T = 125/438 = 0.29$；则服务台繁忙的概率 $1-0.29 = 0.71$。

（4）平均服务时间：$\sum ST/N = 313/100 = 3.13\text{min}$。

期望服务时间 $=1\times0.10+2\times0.20+3\times0.30+4\times0.25+5\times0.10+6\times0.05 = 3.2\text{min}$，要略高于仿真中的平均服务时间。实际上，仿真时间越长，平均值越会接近期望服务时间。

（5）平均到达间隔时间：$\sum CIT/(N-1) = 430/99 = 4.34\text{min}$。

到达间隔时间的期望值 $E(A) = (a+b)/2 = (1+8)/2 = 4.5\text{min}$，略高于平均值。同样，仿真时间越长，平均值越会接近理论的平均值 $E(A)$。

（6）排队等待顾客的平均等待时间：$\sum CWT/\sum CW = 124/55 = 2.25\text{min}$。

（7）顾客在系统中的平均逗留时间：$\sum CRT/N = 437/100 = 4.37\text{min}$。

这个小杂货铺的老板或许已经对这类的结果感兴趣，但如果增加仿真时间，会使仿真结果更加精确。然而，即便是这样的结果，也可以给决策者提供一个初步的参考。例如，55% 的顾客必须等待，但是平均等待时间仅为 1.24min，可以接受。更加有价值的结论，可能就需要在等待的成本与增加服务台的成本之间平衡确定。

上述例子主要从事件调度的角度，采用手工仿真的方式，展示在离散事件仿真时数据结构和系统状态的变化情况，以及基于事件驱动的仿真思想。然而，因其仿真过程过于繁琐，离散系统仿真必须应用计算机来实现。

3.3　船舶航行作业系统

船舶航行作业过程从船舶到达港口开始，经过锚地待泊、船舶进港靠泊、船舶装卸作业和船舶离泊出港等 4 个子过程，直到船舶离开港口结束，具体过程如图 3.5 所示。

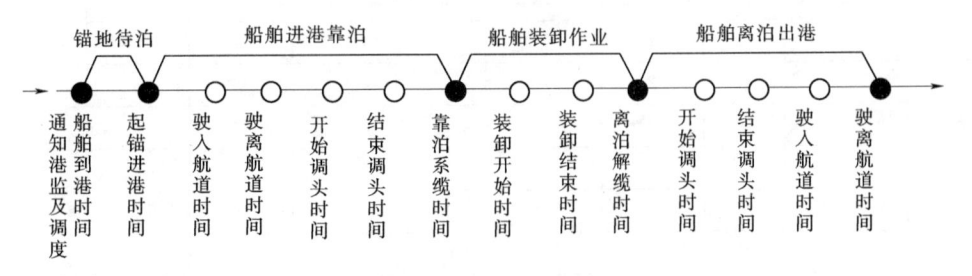

图 3.5　沿海港口船舶进出港作业全过程

一般地，船舶航行作业具体过程，按如下顺序进行：

（1）船舶到达。船舶随机到达港口，并通知港监及调度船舶预到港时间。

（2）船舶锚地待泊。如果港区有合适的空闲泊位并且当时天气条件、船舶吃水、潮位、通航时间、航道内船舶的航向等满足进港条件，则驶入航道；否则继续在锚地等待，直到有合适的空闲泊位并且航道满足该船舶通航条件时，船舶驶入航道。

（3）船舶进港靠泊。船舶在航道中航行，经过一段时间后，在回旋水域调头后，开始靠泊作业。

（4）船舶装卸作业。靠泊后，如果需要辅助作业〔如装卸准备、燃油与物料供应、办理文件及推（拖）船队的编解作业等〕，则先进行必要的辅助作业，然后进行系缆，并开始装卸作业；否则，直接进行系缆，并开始装卸作业。

（5）船舶离泊出港。船舶装卸作业完毕，根据天气条件、船舶的吃水、潮位、通航时间、航道内船舶的航向等，判断当前航道是否满足通航条件，如果满足条件，船舶离泊解缆，离开泊位并驶入航道；否则继续等待，直到航道允许船舶通航时，船舶离泊解缆，离开泊位并驶入航道，离开港口。

在船舶航行作业系统中，船舶到达港口时间具有不确定性，每艘船在港接受装卸服务的时间也具有一定的不确定性；船舶会在特定的时间到达和离开航道，航道中航行的船舶数量仅在离散的时间点上发生跃变。这种随机服务系统可以看作随机离散事件系统来进行仿真，船舶在港内排队概念如图 3.6 所示。

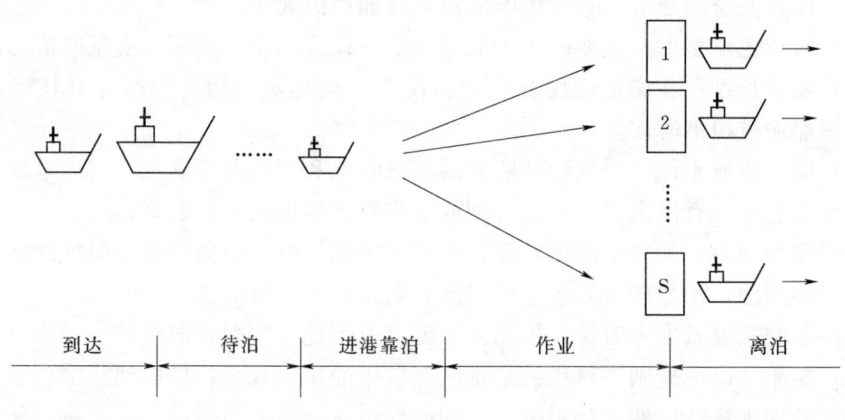

图 3.6 S 个泊位（多窗口）单队排队系统

对于需乘潮进出港的港口，在低潮位对应的航道有效水深如果不能满足船舶的航行，即使泊位是闲置的，船舶还是要在锚地等待，这是因为船舶只能在高潮位的时间窗口才能从锚地经由航道到达泊位。

3.4 系 统 组 成

船舶航行作业系统从船舶到达港口开始，到船舶离开港口结束，即系统的边界，提供服务的是系统内部的永久实体，如锚地、航道、泊位等，服务对象是到港船舶；而天气、海况、港口资源配置及作业能力被认为是影响航道设计的主要外部因素。

3.4.1　船舶

（1）船舶类型：船舶按用途可分为集装箱船、干散货船、杂货船、液体散货船、客货滚装船、汽车滚装船、客船、工作船、游艇等。

（2）船舶主尺度：通常包括船长、船宽、型深、吃水和干舷等。

（3）船舶吨级：港口规划设计的重要指标，DWT、GT 分别指船舶的载重吨和总吨。

（4）设计船型：确定港口锚地、航道、回旋水域以及码头设计尺度的基本数据。

（5）单船装载量及设计船时效率：根据港口装船情况统计出各个船型的平均实际装载量，也可参照《海港总体设计规范》（JTS 165—2013）的规定确定。

（6）船舶到港规律：即船舶到港所遵从的分布函数。

3.4.2　泊位

泊位作为港区/作业区的基本单元，是为船舶提供服务的服务台。该系统中可以有一个或多个泊位，它直接决定着排队系统中服务台的提供服务能力与数量。在船舶航行作业系统中，泊位服务过程一般可用一艘船舶占用泊位时间的概率分布来描述。

3.4.3　航道

航道属性包括航道线数、航道通航宽度、航道长度、航道通航水深、船舶在航道内的限速以及安全间距等，直接影响航道通过能力的大小。

（1）航道通航宽度：主要取决于航道线数、设计船型和横风、横流的情况。

（2）航道长度：在满足使用要求的情况下，应尽量缩短，以减少开挖量和回淤量，缩短船舶进出港时间。

（3）航道通航水深：根据设计船型的满载吃水和富余深度确定。设计水深一般从设计低水位起算，有潮港口也可按大型船舶乘潮进出港的水位起算。

（4）安全间距：为安全起见，船舶在航道中航行时，同向航行的船舶之间应保持一定的安全间距，用船舶进入航道的尾随时间来表示，可取 10～20min。

（5）限制速度及安全航速：根据各个港口及当地海事管理的具体情况确定。

（6）船舶进出港规则：对应的是排队系统中的排队规则，描述到达港口系统的船舶按照何种规则排队以便接受服务。不同的航道条件有不同的进出港规则。例如，对于双线航道，一线服务于船舶进港、另一线服务于船舶出港，船舶按到港及可离港的先后顺序进出港，若需乘潮进港，则乘潮水位高的船舶具有较高的优先级；对于单线航道，按先出后进的原则进出港，即出港船舶优先于进港船舶占用航道资源，这种情况会降低航道利用率。

3.4.4　锚地

锚地为船舶提供待航、待泊的排队等待场所，其规模根据到港船舶密度、港口生产组织以及港口水域自然环境等综合因素来确定。港口锚地的数量决定着船舶的排队方式，如果只有一个锚地，则属于单列排队；如果有多处锚地，则属于多列排队。

3.4.5　潮汐

潮汐属性包括潮汐类型、潮位特征值以及设计潮位等。其中，设计潮位是确定码头、防波堤高度以及港池、航道水深的重要依据，是影响船舶在航道内航行的重要因素。

工程上常用的潮位特征值有历年最高（低）潮位、平均高（低）潮位、平均潮位、年最大潮差、年平均潮差、年最小潮差、平均涨（落）潮历时等。

设计潮位通常包括设计高水位、设计低水位、极端高水位和极端低水位等。由于受港口自然条件的限制或是为减少疏浚费用、节省航道基建投资，在大型船舶密度不大的情况下，一般港口的大型船舶常利用潮差乘潮进出港。

3.4.6 气象条件

风、雾、降水等气象条件，直接影响港区的年营运天数及航道的通航天数，也是影响船舶作业系统的一个重要因素。

3.5 船舶到港规律及占用泊位时间分布

船舶到港规律及占用泊位时间分布是排队系统中重要的部分，分别对应着排队系统中的到达过程和服务过程。大量统计研究表明，船舶到港间隔时间分布是随机的，船舶在泊位上作业占用泊位时间也是随机的，但两者均可用某种理论分布函数来近似描述。

3.5.1 船舶到港规律

船舶不能准时到港是一种正常现象。统计所有到港船舶提前或延迟到港的现象，发现船舶到港规律与典型的随机分布模式相近。在港口系统中，单位时间内到港船舶数大多符合泊松分布，即船舶到达过程属于简单的泊松事件流：

$$P_n = \frac{(\lambda t)^n}{n!} \mathrm{e}^{-\lambda t} \tag{3.1}$$

式中 P_n——t 时段内到达 n 艘船的概率；

λ——t 时段内平均到船率，即单位时间（通常取 1 天）内平均到船数，艘/日。

反映泊松分布的参数为平均到船率 λ，可由 Q（吞吐量或泊位年通过能力）、单船装卸量 G 等求得

$$\lambda = \frac{Q/N}{G} \tag{3.2}$$

式中 N——港口营运期，通常 $N = 365$ 天；

Q——N 期间港口吞吐量或泊位年通过能力，t；

G——船舶在本港的平均装卸量，t/艘。

单个泊位年通过能力，可由式（3.3）和式（3.4）估算：

$$P_t = \frac{TG}{\dfrac{t_z}{t_d - \sum t} + \dfrac{t_f}{t_d}} \rho \tag{3.3}$$

$$t_z = \frac{G}{p} \tag{3.4}$$

式中　　T——年日历天数，取 365 天；

　　　　G——设计船型的实际载货量，t；

　　　　t_z——装卸一艘设计船型所需的时间，h；

　　　　p——设计船时效率，t/h；

　　　　t_d——昼夜小时数，取 24h；

　　　　$\sum t$——昼夜非生产时间之和，h，应根据各港实际情况确定，可取 2～4h；

　　　　ρ——泊位利用率；

　　　　t_f——船舶的装卸辅助作业、技术作业时间以及船舶靠离泊时间之和，h。

当输入过程是泊松流时，事件相继发生的间隔时间服从负指数分布。因此，与泊松分布相对应，船舶到港的间隔时间服从负指数分布，其数学期望为平均到港间隔时间 T，即平均到船率 λ 的倒数，记作 $T=1/\lambda$。

3.5.2　船舶占用泊位时间分布

船舶占用泊位时间会因气象条件、货物装卸量、装卸效率波动、货物存储及集疏运变化、船舶装载情况等诸多因素的影响而具有随机性。大量统计资料分析表明，它大体上符合负指数分布或爱尔兰分布。

当装卸一艘船占用泊位为 t 天的概率 $f(t)$ 符合负指数分布时：

$$f(t)=\mu e^{-\mu t} \tag{3.5}$$

当装卸一艘船占用泊位为 t 天的概率 $f_K(t)$ 符合爱尔兰分布时：

$$f_K(t)=\frac{K\mu(K\mu t)^{K-1}}{(K-1)!}e^{-K\mu t} \tag{3.6}$$

式中　　μ——平均装船效率，即单位时间（通常取 1 天）装卸的船数，艘/日；

　　　　K——爱尔兰分布函数的阶。

平均每艘船的装卸时间用平均装卸船率 μ 表示时，$1/\mu$ 就是平均装卸每艘船的时间。除了反映港口装卸效率水平外，由于它包含了非生产性靠泊时间，也是营运管理综合水平的反映。$1/\mu$ 可通过下式求得

$$\frac{1}{\mu}=\frac{G}{R} \tag{3.7}$$

爱尔兰分布函数用 E_K 表示。当 $K=1$ 时，式（3.6）即为负指数分布函数；$K=2$ 称为二阶爱尔兰分布函数。

$$E_2=4\mu^2 t e^{-2\mu t} \tag{3.8}$$

港口服务系统中，不同的输入过程、服务机构和排队规则就构成不同的排队模型。实践证明，大多数港口随机服务系统的排队模型为 $M/E_K/S(\infty)$，其中 M 表示船舶到达服从泊松分布，E_K 表示船舶占用泊位时间服从 K 阶爱尔兰分布，S 是泊位数，(∞) 表示船舶排队长度无限制。

当 $K\rightarrow\infty$ 时，爱尔兰分布就变成定长分布，即 $M/D/S(\infty)$ 排队模型。对装卸效率稳定、船型较统一、载货量相差不大的情况，每装卸一艘船所需时间可近似认为是定值。如专业化的油码头和矿石、煤炭等码头，就可以用 $M/D/S(\infty)$ 模型分析。

当 $K=1$ 时，爱尔兰分布就是负指数分布，即 $M/M/S(\infty)$ 排队模型，其适合多数港口随机服务系统。$K<1$ 为超指数分布。

对专业码头或以停靠班轮为主的码头，由于使用码头的船方、货主相对集中，因而在某种程度上比较容易做到合理安排船舶到港，随机性更多源于自然因素，故一般认为船舶相继到港的间隔时间分布服从爱尔兰二阶分布更适宜，即采用 $E_2/E_2/S$ 模型。

3.6 逻 辑 模 型

船舶进出港规则即排队系统中的排队规则，因航道的线数（单线航道或双线航道）不同而有所不同，以下为单线/双线航道对应的船舶航行作业系统的逻辑模型。如图 3.7 所示，船舶航行作业系统的逻辑模型主要完成以下过程：

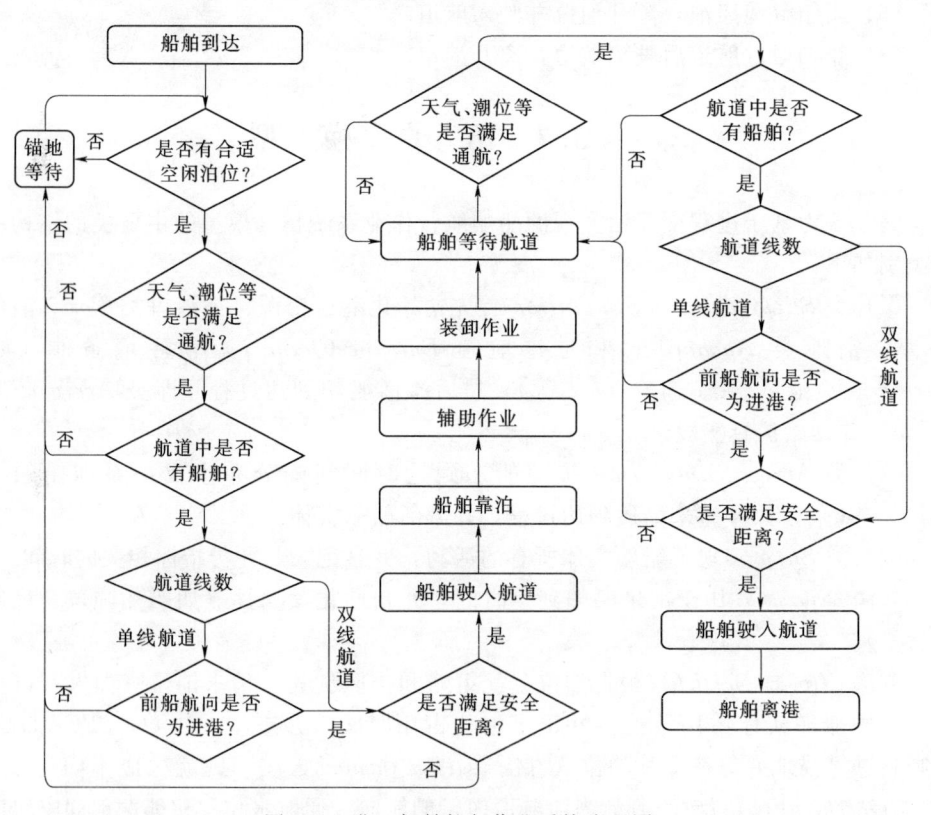

图 3.7 港口船舶航行作业系统流程图

（1）船舶随机到达港口后为船舶指泊，即根据船型和货物种类指定船舶停靠装卸作业的泊位，如果有合适的空闲泊位，则到下一步；否则继续在锚地等待，直到有合适的空闲泊位后进入下一步。

（2）判断航道通航条件能否满足船舶进港要求，如果航道条件满足船舶通航要求，则进行下一步，否则在锚地等待，直到航道条件满足船舶通航要求再进入下一步。对于单线航道，要根据天气、船舶吃水、潮位、通航时间、航道内是否有出港船舶、安全间距等条件判断船舶能否进入航道；对于双线航道，要根据天气、船舶吃水、潮位、通航时间和安全间距等条件判断船舶能否进入航道。

（3）船舶驶入航道，经过进出港航道，在回旋水域调头后，船舶靠泊到指定的泊位。

（4）船舶靠岸后，经过必要的辅助生产作业后，开始进行装卸作业。

（5）船舶装卸作业完毕，根据船舶吃水、潮位、通航时间、航道内有无船舶以及船舶的航向是否为出港、安全间距等条件判断船舶能否离泊进入航道，如果满足船舶通航要求，则进行下一步，否则在泊位等待，直到航道条件满足船舶通航要求再进入下一步。对于单线航道，要根据天气、船舶吃水、潮位、通航时间、航道内是否有出港船舶、安全间距等条件判断船舶能否进入航道；对于双线航道，要根据天气、船舶吃水、潮位、通航时间和安全间距等条件判断船舶能否进入航道。

（6）船舶解缆离泊，离开泊位并驶入航道。

（7）船舶通过航道后驶离航道，离开港口。

3.7　仿　真　模　型

资源 3.2
仿真模型

图 3.8 为基于进程交互法实现的船舶航行作业系统仿真模型的主要类的结构。具体类别如下：

（1）类 *ShipOperationSimulation* 首先初始化港口资源（如港口类 *Port*. 泊位类 *Berth*、锚地类 *Anchorage* 和进港航道 *EntranceChannel*）和环境条件（如流 *Current*、波浪 *Wave*、潮汐 *Tide* 等），然后激活船舶到达过程（即类 *ArrivalSimulation*）并开始仿真实验。

（2）类 *ArrivalSimulation* 按照船舶到达时间间隔分布生成一系列船舶（类 *Ship*），如负指数分布来描述到达过程，并激活船舶实体。

（3）类 *Ship* 实现了船舶实体所有的活动，并且记录与评价指标相关的时间。

方法 *arrive*（）用于记录船舶到达时间，并初始化其属性（如船舶吨位、尺度和载货量）。

方法 *allocateBerth*（）根据泊位分配策略和排队优先级请求泊位。如果有可用的泊位，则船舶实体占用该泊位并记录泊位占用时间，并进入方法 *checkECA4IS*（）；否则它进入锚地并等待分配泊位（方法 *waitInAnchorage*（））。

方法 *checkECA4IS*（）判断当前航道内船舶航向、通航水位、相邻两船间安全时距等是否满足船舶通航要求。如果满足要求，船舶实体驶入航道（方法 *enterPort*（））；否则，船舶必须在锚地等待（方法 *waitInAnchorage*（）），或离开去另外的港口。

方法 *waitInAnchorage*（）中，对于没有被分配泊位的船舶，它首先判断是否有可用泊位和是否满足通航条件，对于已分配泊位的船舶，它会不断地判断是否满足通航条件。一旦所有条件满足通航要求，船舶实体离开锚地驶入航道，记录等待泊位或航道的时间，并进入方法 *enterPort*（）。

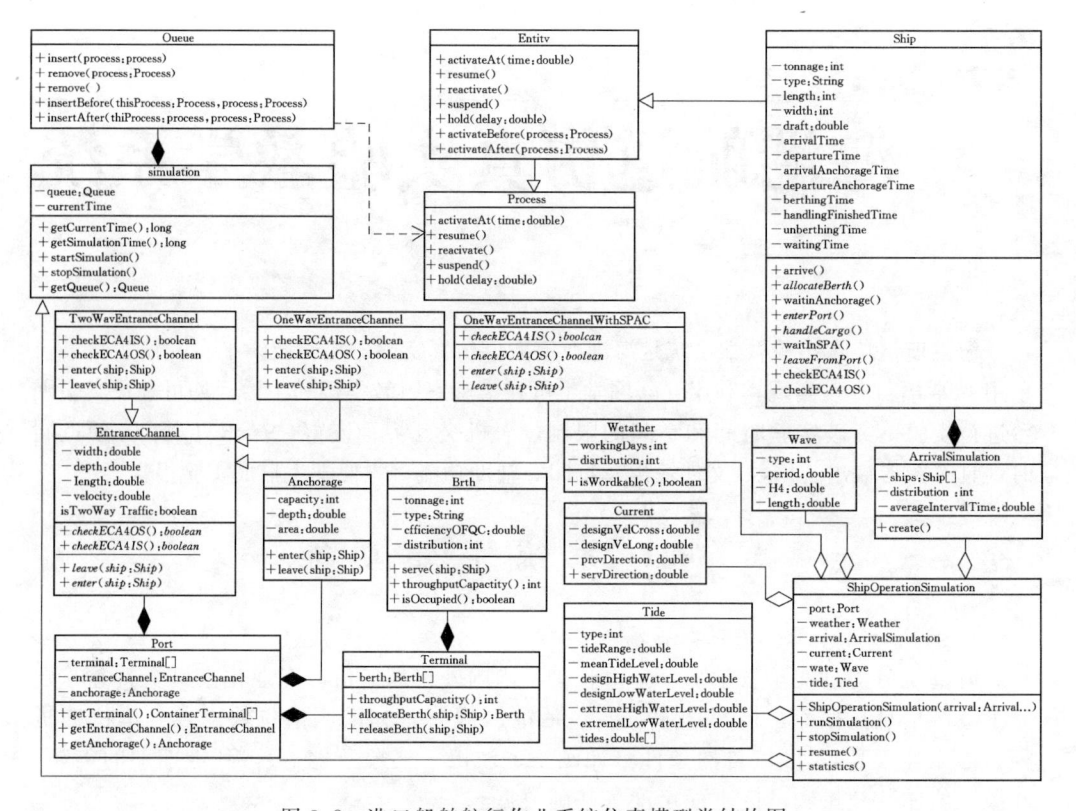

图 3.8 港口船舶航行作业系统仿真模型类结构图

方法 *enterPort*() 实现船舶实体通过航道、回旋区域后到达指定泊位的过程，靠泊后进入方法 *handleCargo*() 开始准备装卸作业。

方法 *handleCargo*() 进行船舶调头和辅助作业，系缆靠泊，并等待直至满足装卸条件开始装卸作业，依据船舶占用泊位时间分布规律产生的船舶占用泊位时间，并以此为步长推进仿真时钟，待装卸作业完毕，记录当前时刻，计算装卸作业时间并进入 *checkECA4OS*()。

方法 *checkECA4OS*() 请求允许离开港口，直至满足航道通航条件后解缆离泊，并释放该泊位资源，记录当前时刻，更新船舶等待航道时间，并进入方法 *leaveFromPort*()。

方法 *leaveFromPort*() 船舶驶入出港航道，并以通航历时为步长推进仿真时钟，船舶通过航道离开港口，记录当前时刻，即船舶的离港时刻，更新船舶在港时间和进出港船舶数量，并离开系统。

（4）类 *ShipOperationSimulation* 停止仿真实验，对仿真结果进行统计分析，输出港口性能指标值，如等待指泊时间、等待航道时间、装卸作业时间、总在港停泊时间等，并计算港口服务水平值 AWT/AST 等。

第4章

海港航道仿真实验教学系统

海港航道仿真实验教学系统是海港航道数值仿真实验的实验教学平台。该实验平台采用 Java 语言开发实现，利用互联网学生可在实验室、教学楼和生活区均可登录实验平台进行实验，突破实验时间和空间的限制，人机交互界面友好，操作直观、方便；同时，具有图形输出、Excel 文件输出及打印等辅助功能，方便学生形成实验报告。

4.1 系统主要功能

1. 典型沿海专业化港区数据库

海港航道仿真实验教学系统中，收集了国内外典型的沿海专业化港区资料，并建立了港区信息数据库。该数据库主要包括港区规模（如港区泊位数以及各泊位的货种、停靠吨级等），区域自然条件（如潮汐、波浪、气象条件等），到港船舶的类型、吨级、船舶装载量和港区平面尺度等基础数据。

通过典型沿海专业化港区数据库，学生可利用实际港区基础数据，验证课程和规范中的相关内容，如港口水域、陆域平面布置等，有助于掌握和深化港口规划与布置的基本理论；同时，学生还可以了解到国内外沿海港口平面尺度的发展趋势，为类似条件港区的总体规划提供参考。

2. 船舶航行作业系统仿真

考虑航道乘潮通航保证率、通航水位（乘潮水位）及每潮次通航持续时间、船舶航行速度、安全间距等因素，学生可根据港区实际情况自主设计仿真实验方案，并应用船舶航行作业系统仿真模型，得到一系列的输出，如各吨级船舶等待时间、船舶总等待时间、航道挖泥量等，有助于发挥学生的主观能动性，培养学生分析问题及解决问题的能力。

3. 航道挖泥量及挖泥费计算

海港航道仿真实验教学系统提供了航道挖泥量及挖泥费的计算方法与计算依据等基础数据的查询与管理，实验者可根据挖泥船类型、工况级别、疏浚土类别等，确定计算超宽、超深、设计坡比等数据，估算航道挖泥量和挖泥费，综合船舶航行作业系统仿真结果，统计分析最终确定该港区合理的航道尺度。

4.2 系统使用说明

依据海港航道仿真实验的目的与主要内容，海港航道仿真实验教学系统主要包括

"港口规模及设计船型设置""气象、海象、地形、水深及地质条件""乘潮水位累积频率曲线"和"海港航道仿真实验"四部分。

4.2.1 系统启动界面

运行"海港航道仿真实验教学系统",进入系统启动界面,如图4.1所示。

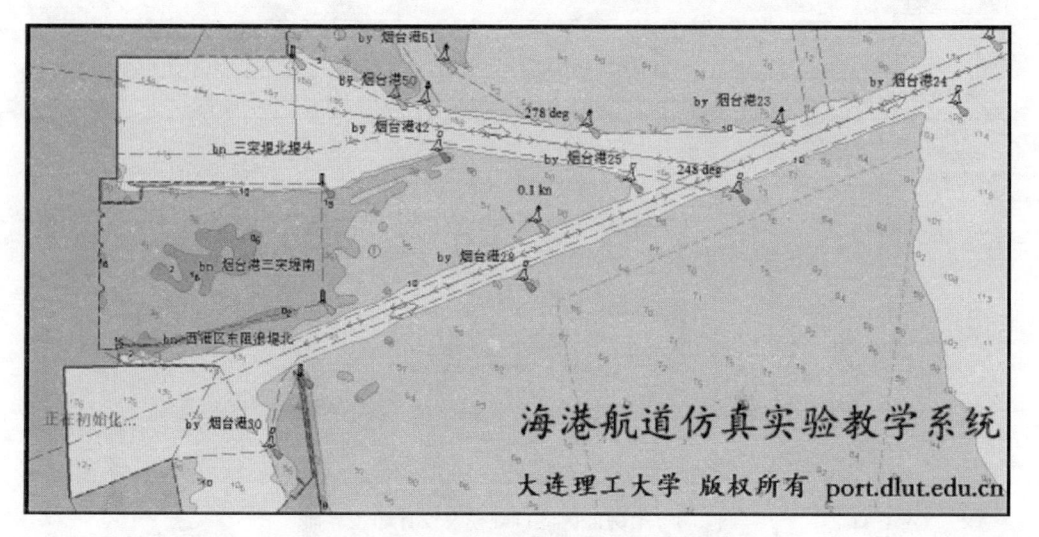

图 4.1 海港航道仿真实验教学系统启动界面

4.2.2 港口规模及设计船型参数设置

(1) 点击"1.港口规模及设计船型"窗口,进入港口规模及设计船型设置界面。

(2) 点击"请选择港区...",从下拉列表中选择某一港区作为仿真实验港区,则该港区对应的泊位组成情况(如货种、泊位吨级和泊位数量等)、设计船型主要参数(如船舶吨级、船种、总长、型宽、型深、满载吃水、单船装卸量等)等,列入泊位构成情况表和设计船型参数表,同时给出该港区平面布置图,作为实验方案设计的基础资料,如图4.2所示。

1.港口规模及设计船型		2.气/海象及地形等		3.系潮水位累积频率曲线		4.海港航道仿真实验			
港口规模									
请选择港区...			泊位构成情况						
泊位吨级DWT (吨)			货种			数量		备注	
设计船型主要参数									
船舶吨级DWT (吨...	船种	总长 (m)	型宽 (m)	型深 (m)	满载吃水 (m)		单船装卸量		船时效率

图 4.2 港口规模设置功能用户界面

以某港区进口散货作业区为例,点击"1.港口规模及设计船型",进入"港口规模及设计船型"窗口,实验者可选择仿真实验港区;点击"请选择港区...",从港口数据库下拉列表中选择"某港区进口散货作业区",系统会自动给出该港区的规模、设计船型以及港区布置规划图等基本信息。如图4.3所示,该作业区共由9个泊位组成，其中，3.5 万吨级泊位 1 个，5 万吨级泊位 4 个和 10 万吨级泊位 4 个，分别停靠设计船型有 3.5 万吨级、5 万吨级和 10 万吨级的散货船，并给出港口布置规划图。

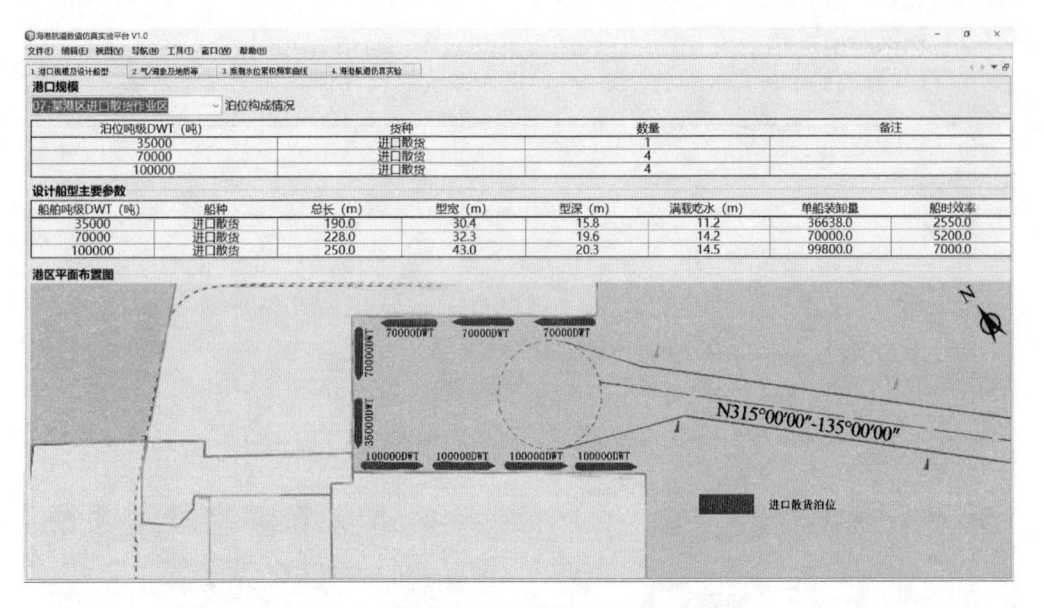

图 4.3 案例港区港口规模及设计船型界面

4.2.3 气象、海象、地形、水深及地质条件设置

点击"2. 气/海象及地质等"窗口，实验者可查看该港区的自然条件，包括港口作业天数，潮汐（类型、平均潮差、极端/设计高水位、极端/设计低水位），波浪（波高和周期），海流流速，地形地貌和地质等。如图 4.4 所示，该港区港口作业天数为 345 天；潮汐属于正规半日潮，设计高水位、设计低水位、极端高水位和极端低水位分别为 3.05m、0.37m、4.23m 和 -0.49m，平均潮差为 1.34m；波浪波高 2m，周期为 5.8s；海流流速 0.4m/s。

图 4.5 为沿航道轴线断面对应的地质剖面图。从地质剖面图可知，场地地层结构和岩性特征自上而下为：第一层：淤泥质粉质黏土，厚度 3.0m～6.0m；第二层：粉质黏土，厚度 1.7～4.4m；第三层：粉土厚度约 1.0～4.4m；第四层：粉细砂厚度约 1.7～4.95m；第五层：中砂，褐色—黄色，稍密—密实状，颗粒较均匀，厚度约 2.9～3.85m。

4.2.4 乘潮水位累积频率曲线

点击"3. 乘潮水位累积频率曲线"窗口，系统以图、表的形式，给出该港区的乘潮水位累积频率曲线，如图 4.6 所示。实验者根据每潮次通航持续时间 t_s、航道乘潮通航保证率 P 查询对应的乘潮水位，形成航道通航水位设计仿真实验方案。例如，对于该港区，当每潮次通航持续时间 $t_s = 4h$ 时，航道乘潮通航保证率 $P = 90\%$ 对应的乘潮水位是 1.26m，$P = 95\%$ 对应的乘潮水位是 1.18m，两者仅相差 0.08m。

如图 4.6 所示，该窗口由上、下两部分构成。上半部分给出该作业区的乘潮水位累积频率曲线。

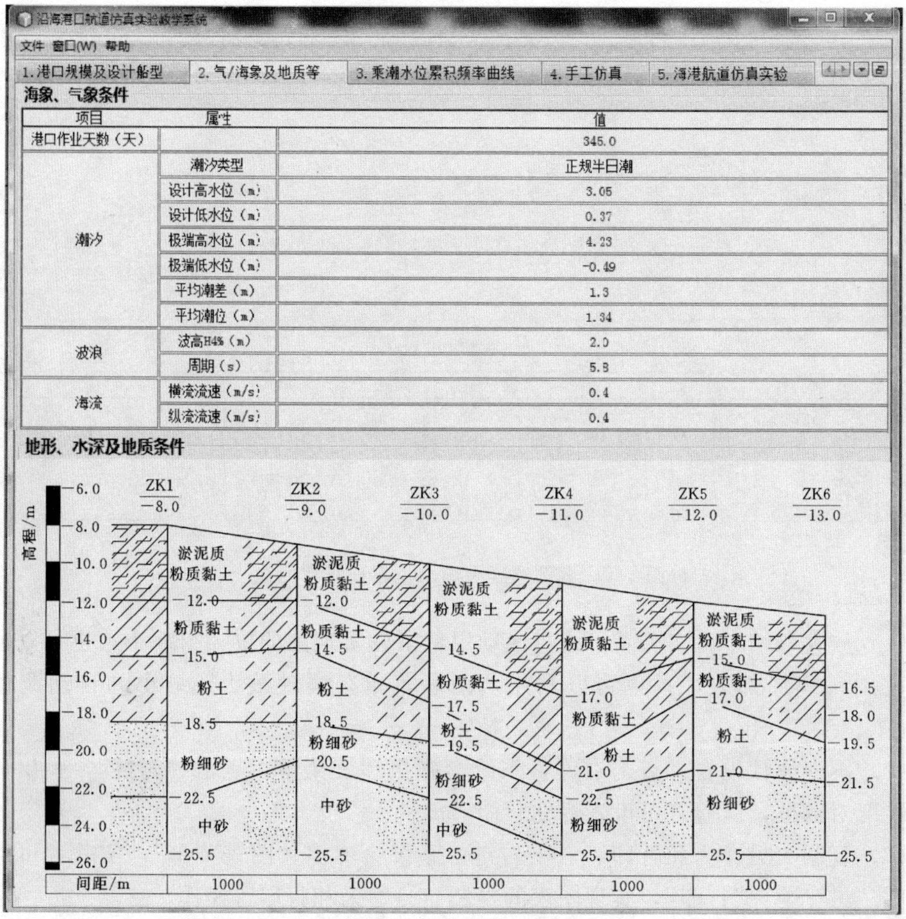

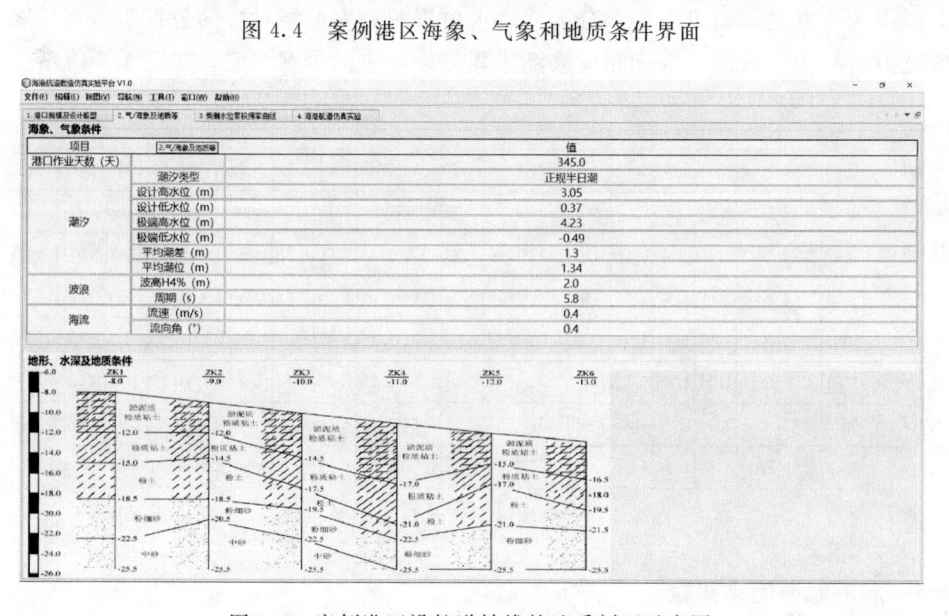

图 4.4　案例港区海象、气象和地质条件界面

图 4.5　案例港区沿航道轴线的地质剖面示意图

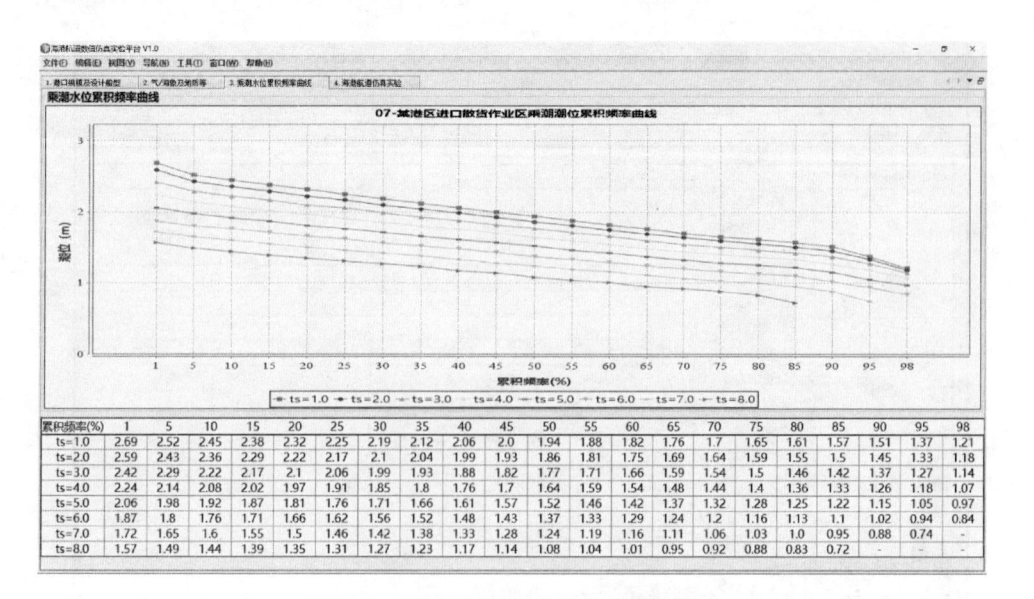

图 4.6　案例港区乘潮水位累积频率曲线

（1）放大与缩小。实验者可通过滚动鼠标滑轮实现图的放大与缩小；也可以通过选定范围实现局部放大；也可以利用"图表菜单"实现放大、缩小和自动调整等操作。

（2）图表属性设置。点击右键，系统会弹出图表菜单，点击"属性"，弹出"图表属性"对话框，实验者可设置标题、图等属性。

（3）复制、另存为和打印。点击右键，系统会弹出"图表菜单"，实验者可点击"复制""另存为""打印"，实现图表的复制、另存为和打印等操作。

由图 4.6 可见，窗口下半部分为乘潮水位累积频率曲线对应的数据表，实验者可根据航道通航持续时间，查询相应乘潮累积频率对应的乘潮水位，如图 4.7 所示。

累积频率/%	1	5	10	15	20	25	30	35	40	45	50	55	60	65	70	75	80	85	90	95	98
$t_s=1$	2.69	2.52	2.45	2.38	2.32	2.25	2.19	2.12	2.06	2.0	1.94	1.88	1.82	1.76	1.7	1.65	1.61	1.57	1.51	1.37	1.21
$t_s=2$	2.59	2.43	2.36	2.29	2.22	2.17	2.1	2.04	1.99	1.93	1.86	1.81	1.75	1.69	1.64	1.59	1.55	1.5	1.45	1.33	1.18
$t_s=3$	2.42	2.29	2.22	2.17	2.1	2.06	1.99	1.93	1.88	1.82	1.77	1.71	1.66	1.59	1.54	1.5	1.46	1.42	1.37	1.27	1.14
$t_s=4$	2.24	2.14	2.08	2.02	1.97	1.91	1.85	1.8	1.76	1.7	1.64	1.59	1.54	1.48	1.44	1.4	1.36	1.33	1.26	1.18	1.07
$t_s=5$	2.06	1.98	1.92	1.87	1.81	1.76	1.71	1.66	1.61	1.57	1.52	1.46	1.42	1.37	1.32	1.28	1.25	1.22	1.15	1.05	0.97
$t_s=6$	1.87	1.8	1.76	1.71	1.66	1.62	1.56	1.52	1.48	1.43	1.37	1.33	1.29	1.24	1.2	1.16	1.13	1.1	1.02	0.94	0.84
$t_s=7$	1.72	1.65	1.6	1.55	1.5	1.46	1.42	1.38	1.33	1.28	1.24	1.19	1.16	1.11	1.06	1.03	1.0	0.95	0.88	0.74	—
$t_s=8$	1.57	1.49	1.44	1.39	1.35	1.31	1.27	1.23	1.17	1.14	1.08	1.04	1.01	0.95	0.92	0.88	0.83	0.72	—	—	—

图 4.7　案例港区乘潮水位累积频率表

4.2.5　海港航道仿真实验

点击"4. 海港航道仿真实验"窗口，进入"海港航道数值仿真实验"界面，共分为"航道主要尺度设计""航道仿真实验方案""仿真实验结果"等模块，如图 4.8 所示。

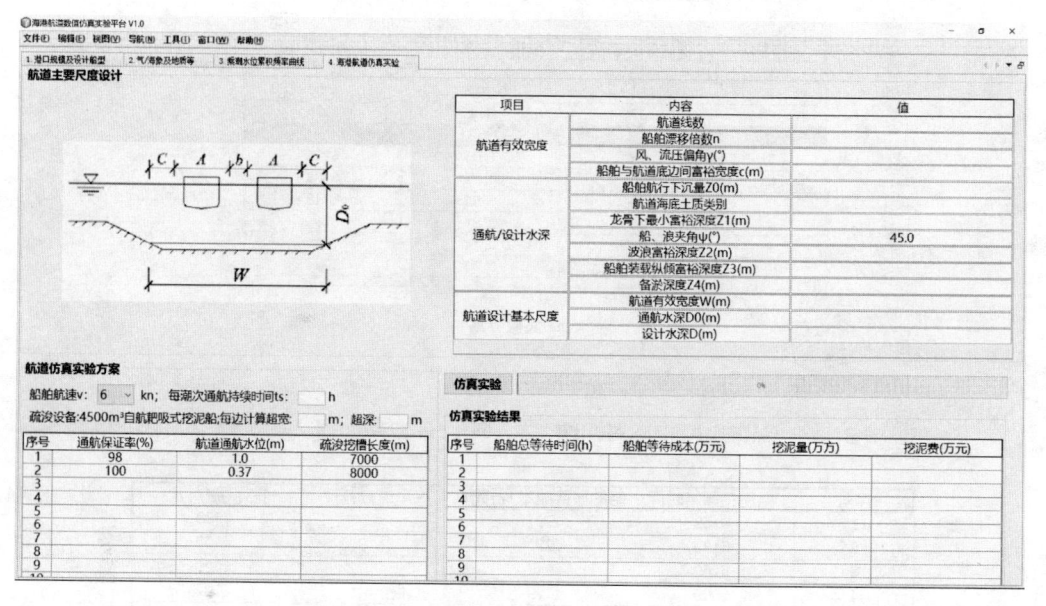

图 4.8 海港航道数值仿真实验界面

（1）航道主要尺度设计。用户可根据已知的海象、气象条件和地形水深及地质条件，选择航道线数、船舶漂移倍数、风流压偏角、船舶与航道底边间的富裕宽度、船舶航行时船体下沉值、航行时龙骨下最小富裕深度、波浪富裕深度、船舶装载纵倾富裕深度、备淤深度等，按照《海港总体设计规范》（JTS 165—2013）计算航道通航宽度、通航水深和设计水深，并填入"航道主要尺度设计"表中，如图 4.9 所示。

航道主要尺度设计

项目	内容	值
	航道线数	单线
航道有效宽度分项	船舶漂移倍数n	1.69
	风、流压偏角 γ（°）	7
	船舶与航道底边间富裕宽度C（m）	B
	航行时船体下沉值Z0（m）	0.54
通航/设计水深分项	龙骨下最小富裕深度Z1（m）	0.50
	波浪富裕深度Z2（m）	0.675
	船舶装载纵倾富裕深度Z3（m）	0.15
	备淤富裕深度Z4（m）	0.4
	航道有效宽度W（m）	211
航道设计内容	通航水深D0（m）	16.365
	设计通航水深D（m）	16.8

图 4.9 案例港区航道主要尺度设计（以单线航道为例）

（2）航道仿真实验方案及实验结果。用户选择不同的船舶安全航速以及每潮次通航持续时间，在"乘潮水位累积频率曲线"窗口中查图或查表获得相应不同乘潮通航保证率下对应的航道通航水位；并根据水位情况，结合所计算出的航道通航水深确定不同航道通航水位下的航道长度，以及每边计算超宽和计算超深，设计航道仿真实验方案集如图 4.10（a）所示。点击"仿真实验"按钮，程序运算相应通航保证率下的船舶总等待时间及时间成本、挖泥量及挖泥费等，如图 4.10（b）所示。

航道仿真实验方案

船舶航速v：8　kn；　每潮次通航持续时间ts：7　h

序号	通航保证率（%）	航道通航水位（m）	航道长度（m）
1	55		
2	60	1.15	5880
3	65	1.1	5920
4	70	1.05	5960
5	75	1.03	5976
6	80	0.99	6008
7	85	0.95	6040
8	90	0.87	6104
9	95	0.74	6208
10	98	0.37	7944

（a）实验方案

仿真实验结果

疏浚设备：4500m³自航耙吸式挖泥船；每边计算超宽：9　m；超深：0.7　m

序号	船舶总等待时间	船舶等待成本（万元）	挖泥量（万方）	挖泥费（万元）
1	6169	4997		3988
2	6123	4920		4033
3	6269	4947		4079
4	6009	4779		4097
5	5900	4618		4134
6	5770	4482		4171
7	4312	2943		4245
8	4322	2952		4367
9	4301	2983		4725
10				

（b）实验结果

图 4.10　案例港区仿真实验结果

第5章
海港航道数值仿真实验

5.1 实 验 目 的

资源 5.1
海港航道数
值仿真实验

　　海港航道数值仿真实验是集综合性、设计性及系统性为一体的创新专业实验。通过该仿真实验，有助于掌握沿海港口航道设计的基本方法、船舶航行作业仿真的基本理论，深化实验者对航道设计要素的理解。同时，实验者需要独自设计仿真实验方案，挖掘航道主尺度与船舶等待时间及时间成本、航道挖泥量及挖泥费之间的关系，分析航道通航水位、每潮次船舶进出港持续时间等对航道规划、设计和运营等方面的影响，找出影响航道设计的敏感因素，重点培养本科生的动手实践能力和科研创新能力。

5.2 实 验 内 容

　　1. 泊位通过能力 P_t

　　依据拟建码头的泊位货种、数量、停靠设计船型等，按照《海港总体设计规范》（JTS 165—2013）7.10.2 条式（7.10.2-1）和式（7.10.2-2），计算泊位年通过能力及码头通过能力，掌握泊位和码头通过能力计算方法。

　　2. 船舶到港规律

　　熟悉泊松分布的概率密度函数及其参数的含义，并根据泊位通过能力、单船装卸量等，推求实验港区的船舶到港规律参数日平均到船率 λ。

　　3. 航道通航宽度 W

　　依据设计船型的主尺度、船舶航速以及海流速度等，按照《海港总体设计规范》（JTS 165—2013）6.4.2 条式（6.4.2-1）和式（6.4.2-2），分别确定单、双线航道的通航宽度。

　　4. 航道通航水深 D_0 和设计水深 D

　　依据设计船型的主尺度，按照《海港总体设计规范》（JTS 165—2013）6.4.6.1 条式（6.4.6-1）和式（6.4.6-2），分别计算航道通航水深和设计水深，熟悉航道富裕水深的取值方法等。

　　5. 乘潮水位

　　依据船舶日到港到船率和船舶航行要求，按照《海港总体设计规范》（JTS 165—2013）6.2.7 条式（6.2.7），确定每潮次船舶乘潮进出港所需的持续时间 t_s，绘制乘潮水位累积频率曲线，并按照现行行业标准《海港水文规范》（JTS 145—2—2013）确定累积频率为 P（通常，乘潮累积频率可取 90%～95%）的潮位数值为乘潮水位。

6. 仿真实验方案设计

根据拟建码头的泊位货种、数量、泊位等级，选定港区的自然条件以及水深图，确定船舶到港规律、船舶装载量、通航历时、安全间距、潮汐参数、气象参数等模型参数，按照不同乘潮通航保证率（90%～95%）对应的航道通航水位（乘潮水位）作为仿真实验方案。

7. 仿真实验结果统计分析

按照拟定的仿真实验方案，运行海港航道仿真实验系统，得到仿真结果，试分析各种乘潮水位方案与船舶总等待时间、航道挖泥量的关系；同时，本实验以船舶等待与航道挖泥总成本最小为目标优选航道通航水位。

8. 敏感性分析

选取上述的一个实验方案，通过改变仿真实验输入条件，如航道线数、乘潮通航保证率、每潮次船舶乘潮进出港所需的持续时间等，分析各影响因素对船舶总等待时间、航道挖泥量及挖泥费等评价指标值的影响，进而分析影响航道设计的敏感性因素。

5.3　实　验　条　件

1. 实验平台

以海港航道数值仿真实验教学系统为实验平台，通过人机互动界面，输入设计条件，导出实验结果。其主要界面、功能及使用说明详见本书第 4 章"海港航道仿真实验教学系统"。

2. 仿真实验参数

从"典型沿海专业化港区"数据库中，选择实验港区，其设计水位、乘潮水位、船舶到港规律、船舶吨级、船舶装载量、通航历时、航道通航水位、安全间距、潮汐参数、气象参数以及船时效率等是航道设计的影响因素。

5.4　实　验　方　法

我国绝大多数港口为不规则半日潮港，即 24 小时 50 分钟内有两次高潮和两次低潮，且具有一定的潮差。为了节省航道基建初投资，在船舶密度不大的情况下，沿海港口的船舶常利用潮差乘潮进出，待港口进一步发展、船舶密度增大时，再投资浚深航道。为了保证船舶安全，根据船舶进出密度和航行要求选定合理的持续时间 t_s，绘制持续时间 t_s 的乘潮水位累积频率曲线，按设计要求确定水位达到和超过该潮位的累积频率 P，取累积频率为 P 的潮位数值为高潮乘潮水位。

（1）以设计低水位为通航水位，依据港内最大设计船型设计进港航道，作为基准方案，仿真运行该方案，得到基准方案下的船舶平均等待时间、航道挖泥量等。

（2）改变航道通航方式，让最大设计船型候潮进港。以不同乘潮通航保证率下的乘潮水位为通航水位，以及各乘潮水位下的仿真模型参数作为仿真实验方案，仿真运行设计方案，得到船舶总等待时间以及航道挖泥量，以总成本最小为目标优选合理航道通航水位。

（3）在航道设计最优方案的基础上，改变单个影响因素，如航道线数、乘潮通航保证率、通航持续时间等，形成仿真实验方案，仿真得到该参数改变时在港船舶总等待时间、航道挖泥量的变化。

（4）利用敏感性分析方法确定影响该航道规划建设的敏感性因素。

5.5　实　验　案　例

5.5.1　工程背景

按照某港区总体规划，该港区散货作业区主要承担进口煤炭运输任务，共规划 9 个专用的卸船泊位：3.5 万吨级泊位 1 个、5 万吨级泊位 4 个以及 10 万吨级泊位 4 个，进港航道轴线方向 N315°～135°，如图 5.1 所示，航道的设计航速 $v=8\mathrm{kn}$，采用 4500m³ 自航耙吸式挖泥船实施航道疏浚工程。

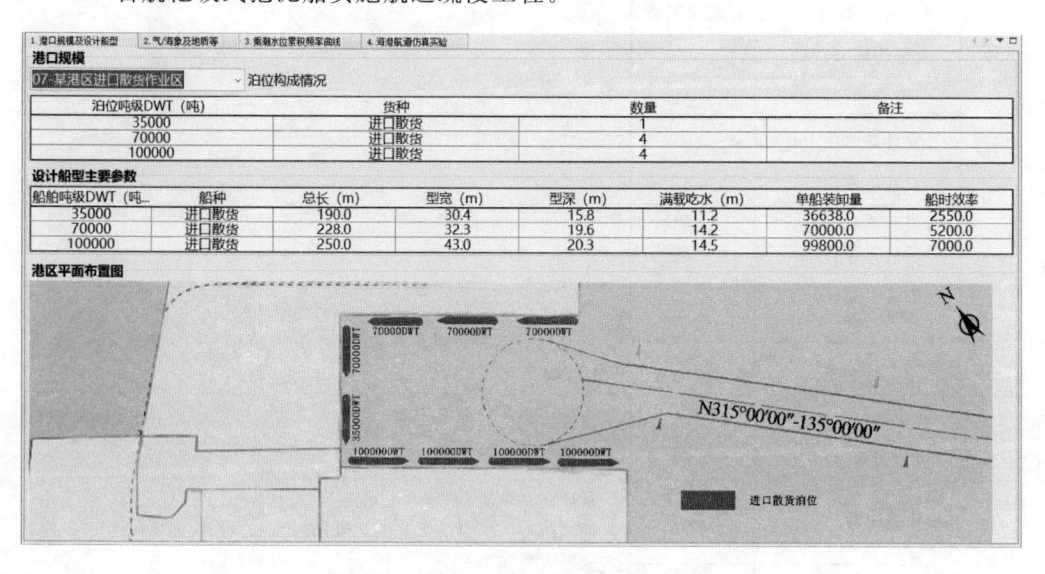

图 5.1　"港口规模及设计船型"界面

根据该港区的自然条件等，应用"海港航道仿真实验教学系统"，试从船舶等待和航道挖泥总成本的角度，确定该港区航道的主尺度，如航道通航水深、宽度以及通航水位，并分析影响该作业区进港航道设计的敏感性因素。

5.5.2　仿真实验条件

从教学系统"典型沿海专业化港区信息数据库"中，选取仿真实验条件，具体步骤如下：

（1）启动教学系统，在"1. 港口规模与设计船型"窗口，选择实验港区"某港区的进口散货作业区"，系统给出该作业区的泊位构成、设计船型主要参数（见表5.1）以及港区平面布置图示意图，如图5.1所示，并将该作业区的泊位构成及设计船型参数记录在实验报告中。

（2）点击"2.气/海象及地质等"窗口，进入"气/海象和地质等自然条件"界面，系统给出该港区的潮汐类型、设计水位，波浪、海流等自然条件，如表5.2所示。

表5.1　　　　　　　　　　　　设计船型主要参数表

船舶吨级 DWT/t	船种	总长 /m	型宽 /m	型深 /m	满载吃水 /m	单船装卸量 G/t	船时效率 R/(t/h)
35000		190.0	30.4	15.8	11.2	36638.0	2550.0
50000	散货船	223.0	32.3	17.9	12.8	53295.0	3300.0
100000		250.0	43.0	20.3	14.5	99800.0	7000.0

表5.2　　　　　　　　　　潮汐、波浪、海流等自然条件信息表

项目	属性	值	备　　注
潮汐	潮汐类型	正规全日潮	
	平均潮差/m	1.3	
	平均潮位/m	1.34	
	设计高水位/m	3.05	
	设计低水位/m	0.37	
	极端高水位/m	4.23	
	极端低水位/m	−0.49	
波浪	波高 $H_{4\%}$/m	2.0	常波向：NW（9.08%）和NNW（7.64%）；强波向：NNW 和 N，两波向最大波高 $H_{4\%}=2.0$m，周期 $T=5.8$s
	周期/s	5.8	
海流	横流流速/(m/s)	—	往复流为主，涨潮主流向WNW，落潮主流向ESE，涨潮流速大于落潮流速，流速小于0.66m/s的累积频率为96.4%
	纵流流速/(m/s)	0.66	
	港口作业天数/天	345.0	常风向：NW（13.3%）和 N（12.12%）；强风向：NW 向，实测最大风速为25m/s，次强风向为SSE 向，实测最大风速为22m/s；
	航道通航天数/天	345.0	航道通航标准：①风：风≤7级；②雾：能见度≥1km；③波浪：$H_{4\%}≤1.5$m

同时，对该作业区进港航道所在区域进行地质勘察，钻孔位置如图5.2所示，地质剖面图见图5.3。如图5.3所示，沿航道走向的钻孔土层分布具体如下：第一层，以淤泥为主，灰色，流塑，厚度一般为0.40~1.00m；第二层，粉质黏土，灰色，流塑—软塑，厚度一般为1.8~3.00m，局部达6.10~7.50m；第三层，以粉土为主，灰色，厚度一般为1.00~5.5m；第四层，淤泥质粉质黏土，灰色，流塑，厚度6.00m左右；第五层，粉质黏土，灰色，流塑—软塑，有层理，含蚌壳，局部为黏土

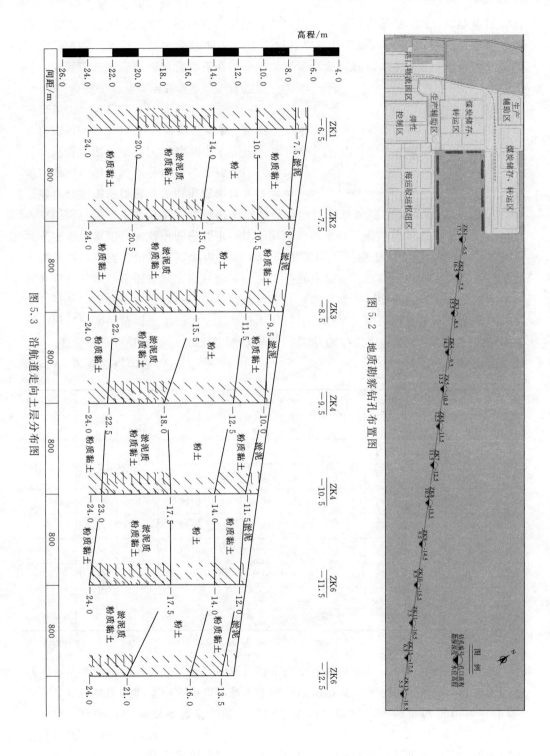

图 5.2 地质勘察钻孔布置图

图 5.3 沿航道走向土层分布图

夹中密—密实状态的粉土透镜体。从地质剖面图中，可以得出某通航水位对应的航道长度以及航道的海底底质。

（3）点击"3. 乘潮水位累积频率曲线"窗口，进入"乘潮水位累积频率曲线"界面，给出该港区的乘潮水位累积频率曲线图像和表格。表 5.3 给出该区域的不同乘潮通航保证率下的潮位表，它是确定航道通航水位的依据。

表 5.3　　　　　　　　全 年 乘 潮 水 位 表　　　　　　单位：m

乘潮历时 /h	乘潮通航保证率/%										
	50	55	60	65	70	75	80	85	90	95	98
1	1.94	1.88	1.82	1.76	1.70	1.65	1.61	1.57	1.51	1.37	1.21
2	1.86	1.81	1.75	1.69	1.64	1.59	1.55	1.50	1.45	1.33	1.18
3	1.77	1.71	1.66	1.59	1.54	1.50	1.46	1.42	1.36	1.27	1.14
4	1.64	1.59	1.54	1.48	1.44	1.40	1.36	1.33	1.26	1.18	1.07
5	1.52	1.46	1.42	1.37	1.32	1.28	1.25	1.22	1.14	1.05	0.97
6	1.37	1.33	1.29	1.24	1.20	1.16	1.13	1.10	1.02	0.94	0.84
7	1.24	1.19	1.16	1.11	1.06	1.03	1.00	0.95	0.87	0.74	—
8	1.08	1.04	1.01	0.95	0.92	0.88	0.83	0.72	—	—	—

5.5.3　仿真实验内容

"海港航道仿真实验"窗口是教学系统的核心部分，点击"4. 海港航道仿真实验"窗口进入该界面，实现仿真实验方案的设计、输入、运行以及仿真结果输出等功能。首先，依据作业区泊位、设计船型等属性，确定船舶到港分布和船舶占用泊位时间分布；其次，依据该港区的自然条件等，分别计算单、双线航道的通航宽度、通航水深、设计水深等，并以此为仿真模型中航道属性进行赋值；然后，根据 t_s 选取不同乘潮水位累积频率对应的乘潮水位作为航道通航水位，形成仿真实验方案，应用教学系统运行仿真实验方案，获得船舶总等待时间以及各吨级船舶对应的等待时间等，进而计算船舶等待成本、航道挖泥量及成本等；最后，本实验以船舶等待与航道挖泥总成本最小为目标，分析比较选择最优方案。

该进口散货作业区共有 9 个专用的卸船泊位。其中，3.5 万吨级泊位 1 个、5 万吨级泊位 4 个、10 万吨级泊位 4 个，设计船型分别为 3.5 万吨级、5 万吨级、10 万吨级散货船，其船舶主尺度见表 5.1。

1. 船舶日到港船舶数量分布

本港区日到港船舶数量服从泊松分布，其参数平均到船率 λ，可以通过单个泊位的年通过能力求得，具体步骤如下：首先，分别计算各吨级单个泊位的年通过能力 Q_i；然后，由 Q 和 G_i 推求日平均到船率 λ_i，详细计算过程见表 5.4，该作业区的日平均到船率为 $\lambda = \sum_{i=1}^{S} \lambda_i = 5.51$（S 为泊位数）；最后，将各吨级泊位的年通过能力和日到港船舶数计算过程填入实验报告。

表 5.4　　　　　　　　各吨级泊位的年通过能力和日到港船舶数

泊位吨级 DWT/t	数量	N	G_i /(t/艘)	p_i /(t/h)	t_d /h	t_f /h	$\sum t$ /h	ρ	Q_i /万 t	$\lambda_i = \dfrac{Q_i/N_i}{G_i}$ /(艘/日)
35000	1		36638	2550					842	0.63
50000	4	365	53295	3300	24	6.75	3	0.6	1128	0.58
100000	4		99800	7000					2330	0.64
合计	9		/	/					14674	5.51

2. 船舶占用泊位时间分布

本算例作业区的船舶占用泊位时间服从负指数分布，其参数平均装船效率 μ 的具体计算过程见表 5.5，该作业区 3.5 万吨级、5 万吨级和 10 万吨级的泊位的平均装船效率分别为 0.60 日/艘、0.67 日/艘和 0.59 日/艘，将各吨级泊位平均装船效率的计算过程填入实验报告。

表 5.5　　　　　　　　各吨级泊位的平均装船效率 μ

泊位吨级 DWT/t	数量	G /(t/艘)	p /(t/h)	$R=24p$ /(t/日)	$\dfrac{1}{\mu}=\dfrac{G}{R}$ /(日/艘)	$\dfrac{1}{\mu}=\dfrac{G}{p}$ /(h/艘)	μ /(日/艘)
35000	1	36638	2550	61200	0.60	14.4	1.67
50000	4	53295	3300	79200	0.67	16.2	1.49
100000	4	99800	7000	168000	0.59	14.3	1.68

3. 航道

该作业区进港航道主尺度应满足最大设计船型 10 万吨级散货船安全进出港的要求。

(1) 航道通航宽度。该海域的斜向流速度 $V_{max}=0.66\text{m/s}$，取其横向投影值为 $V=0.253\text{m/s}$（$0.25<V\leqslant 0.5$），满载船舶漂移倍数和风、流压偏角 γ 值分别取 1.69 和 $7°$；散货船航速 $v=8\text{kn}$ 时，$c=B$。该作业区航道通航宽度具体计算过程见表 5.6。可见，单、双线航道的有效宽度分别为 211m 和 378m，将计算过程填入实验报告。

表 5.6　　　　　　　　作业区单、双线航道有效宽度计算

航道线数	船种	吨级 DWT/t	船宽 B/m	船长 L/m	航速 v/kn	n	$\gamma/(°)$	b/m	c/m $v>6\text{kn}$	W/m	取值
单线	散货船	100000	43.0	250	8	1.69	7	—	43.0	210.2	211
双线								43.0		377.3	378

(2) 航道通航水深及设计水深。从沿航道轴线方向的地质剖面图知，对于 10 万 t 级散货船，$Z_1=0.5\text{m}$；根据航道通航标准 $H_{4\%}\leqslant 1.5\text{m}$，取 $H_{4\%}=1.5\text{m}$ 计算，并且

船、浪夹角为45°，波浪平均周期小于8s，则 $Z_2/H_{4\%}=0.45$，$Z_2=0.675$；散货船装载纵倾富裕深度 Z_3 取0.15m；备淤深度 Z_4 取0.4m。该作业区的航道通航水深及设计水深具体计算过程见表5.7，将计算过程填入实验报告。

表5.7 作业区航道通航水深及设计水深 单位：m

船种	吨级 DWT/t	T	Z_0	Z_1	Z_2	Z_3	Z_4	D_0	D
散货船	100000	14.5	0.54	0.5	0.675	0.15	0.4	16.365	16.8

（3）航道通航水位。对于单线航道，港区日平均来船数 $\lambda=5.51$（艘/日），航道通航密度为 $2\lambda=12$ 艘/日；船舶航行间距可由船舶间的安全时距（$t_D=10min$）和船舶航速（$v=8kn$）确定，即（$L_D=t_D v$）；航道长度可按平均低潮位对应的航道底高程，从地质剖面图（图5.3）上量取，单线航道每潮次通航持续时间具体计算过程见表5.8。由表5.8可知，单线航道每潮次船舶进出港所需的通航持续时间 $t_s=7h$，不同乘潮累积频率对应的乘潮水位可查询表5.9。例如，累积频率90%对应的乘潮水位为0.87m，则航道底高程为：$0.87-16.8=-15.93m$。

表5.8 单线航道每潮次船舶进出港口所需的通航持续时间计算表

船舶吨级 DWT/t	$S_1=S_2$ /(艘/日)	L_S /m	L_D /m	L_C /m	$t_出=t_进$ /h	t_1 /h	t_2 /h	t_3 /h	K_s	t_s /h
35000	1	190								
50000	2	223	2469.3	7944	1.96	3.92	0.625	0.625	1.2	7
100000	3	250								

表5.9 乘潮历时 $t_s=7h$ 时对应的乘潮水位

乘潮通航保证率 /%	50	55	60	65	70	75	80	85	90	95	100
乘潮水位/m	1.24	1.19	1.16	1.11	1.06	1.03	1.00	0.95	0.87	0.74	0.37

同理，双线航道每潮次船通航持续时间具体计算过程见表5.10，则双线航道每潮次船舶进出港口所需的通航持续时间 $t_s=4h$，不同乘潮通航保证率对应的通航水位可查询表5.11。例如，乘潮通航保证率90%对应的通航水位为1.37m，则航道底高程为 $1.36-15=-13.64m$。

表5.10 双线航道每潮次船舶进出港口所需的通航持续时间计算表

船舶吨级 DWT/t	S_0	L_S	L_D	L_C	t_1	t_2	t_3	K_s	t_s
35000	1	190							
50000	2	223	2469.3	7944	1.96	0.625	0.625	1.2	4
100000	3	250							

表 5.11 　　　　　　　乘潮历时 $t_s = 4\mathrm{h}$ 时对应的乘潮水位　　　　　　　单位：m

乘潮历时 /h	乘潮通航保证率/%										
	50	55	60	65	70	75	80	85	90	95	98
4	1.64	1.59	1.54	1.48	1.44	1.40	1.36	1.33	1.26	1.18	1.07

综上所述，该作业区航道属性见表 5.12，计算结果填入"航道主要尺度设计"表格中。

表 5.12 　　　　　　　　　　　作业区单、双线航道属性表

航道	W/m	D_0/m	D/m	t_s/h
单线航道	211	16.365	16.8	7
双线航道	378			4

5.5.4 仿真实验方案设计

根据航道线数以及乘潮通航保证率的不同组合，给出该作业区的单、双线航道仿真实验方案，见表 5.13 和表 5.14。在教学系统的"4. 海港航道仿真实验"窗口中的"航道主要尺度设计"表格中输入航道属性值，如航道线数、航道通航宽度、通航水深及设计水深等；在"航道仿真实验方案"表格中，输入不同乘潮通航保证率下的通航水位、航道长度等属性值。

表 5.13 　　　　　　　　　作业区单线航道仿真实验方案汇总表

序号	航　　　道						船舶		泊位平均装船效率 $\mu/$（艘/日）		
	航道	W /m	D_0 /m	P /%	通航水位 /m	L_C /m	v /kn	λ	泊位吨级 DWT/t		
									35000	50000	100000
1				60	1.15	7320					
2				65	1.1	7360					
3				70	1.05	7400					
4				75	1.03	7416					
5	单线航道	211	16.8	80	0.99	7448	8	5.51	1.67	1.49	1.68
6				85	0.95	7480					
7				90	0.87	7544					
8				95	0.74	7648					
9				100	0.37	7944					

5.5.5 仿真结果及分析

点击"仿真实验"，运行仿真实验方案，分别得到该作业区单、双线航道的仿真实验结果，如各吨级船舶的等待时间、船舶总等待时间及等待成本，航道挖泥量及挖泥费以及总成本等，并显示在教学系统的"仿真实验结果"表格中，其具体数值见表 5.15 和表 5.16，并将仿真实验结果记录到实验报告中。

表 5.14　　　　　　　　　　　作业区双线航道仿真实验方案汇总表

| 序号 | 航道 | | | | | | 船舶 | | 泊位平均装船效率 μ /(艘/日) | | |
| | | | | | | | | | 泊位吨级 DWT /t | | |
	航道	W /m	D_0 /m	P /%	通航水位 /m	L_c /m	v /kn	λ	35000	50000	100000
1				60	1.53	7016					
2				65	1.48	7056					
3				70	1.43	7096					
4				75	1.39	7128					
5	双线航道	378	16.8	80	1.36	7152	8	5.51	1.67	1.49	1.68
6				85	1.32	7184					
7				90	1.26	7232					
8				95	1.17	7304					
9				100	0.37	7944					

表 5.15　　作业区等待时间成本、挖泥费以及总成本对比图（单线航道，t_s＝7h）

| 序号 | 航道 | 通航水位 | | 船舶等待时间/h | | | 船舶总等待时间 /h | 船舶等待时间成本 /万元 | 挖泥费 /万元 | 总成本 /万元 |
		P /%	水位 /m	35000t	50000t	100000t				
1		60	1.15	475	1363	4332	6169	4997	3988	8985
2		65	1.1	436	1379	4308	6123	4920	4033	8953
3		70	1.05	426	1428	4416	6269	4947	4079	9026
4	单线航道 t_s＝7h	75	1.03	415	1423	4170	6009	4779	4097	8876
5		80	0.99	434	1397	4068	5900	4618	4134	8752
6		85	0.95	461	1414	3895	5770	4482	4171	8653
7		90	0.87	561	1642	2109	4312	2943	4245	7188
8		95	0.74	566	1640	2116	4322	2952	4367	7319
9		/	0.37	555	1591	2155	4301	2983	4725	7708

对于单线航道，t_s＝7h，从图 5.4 中可以看出：

（1）船舶总等待时间成本随乘潮通航保证率 P 的提高有所减少，说明提高乘潮通航保证率可减少船舶等待时间，提高港口服务水平；当 P＝90％时，船舶等待时间成本达到最小值 2943 万元，之后各值基本保持一致，说明即使再提高乘潮通航保证率，也无法减少船舶等待时间成本。因此，不能单纯地追求乘潮通航保证率，要综合考虑乘潮通航保证率与船舶等待成本之间的关系。

（2）挖泥费随乘潮通航保证率 P 的提高有所增加，增加程度与海底地形、地质等有关。

（3）总成本随乘潮通航保证率变化规律与船舶总等待时间成本基本一致，说明本算例中船舶总等待时间成本对总成本影响加大；但当 P＝90％时，总成本达到最小值，之后总成本开始有所增加。

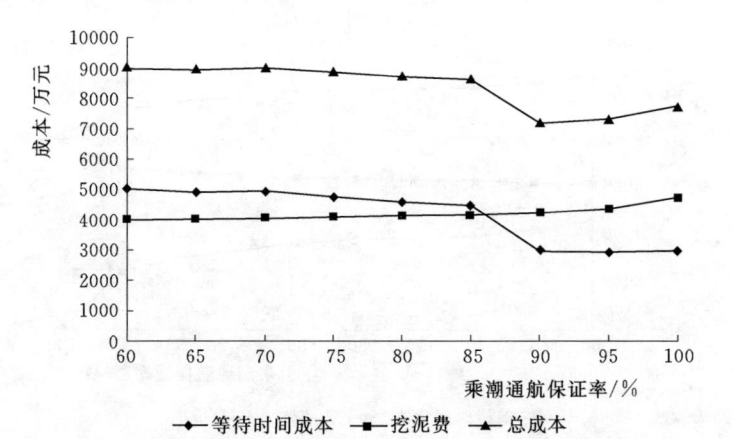

图 5.4 不同方案下的等待时间成本、挖泥费以及总成本
对比图（单线航道，$t_s = 7h$）

表 5.16 作业区等待时间成本、挖泥费以及总成本对比图（双线航道，$t_s = 4h$）

序号	航道	通航水位		船舶等待时间/h			船舶总等待时间/h	船舶等待时间成本/万元	挖泥费/万元	总成本/万元
		P/%	水位/m	35000t	50000t	100000t				
1		60	1.53	13	39	4749	4801	4534	6061	10595
2		65	1.48	14	33	4381	4428	4182	6131	10313
3		70	1.43	14	38	4091	4143	3909	6201	10110
4	双线航道 $t_s = 4h$	75	1.39	14	31	3977	4022	3798	6257	10055
5		80	1.36	14	41	3898	3952	3726	6300	10026
6		85	1.32	12	29	3772	3813	3601	6357	9958
7		90	1.26	13	45	3443	3502	3296	6443	9739
8		95	1.17	16	45	3080	3140	2952	6573	9525
9		98	1.06	14	41	2529	2583	2426	6738	9164
10		/	0.37	24	57	94	175	124	7761	7885

对于双线航道，$t_s = 4h$，从图 5.5 中可以看出：

（1）船舶总等待时间成本随乘潮通航保证率 P 的提高有明显减少，当通航水位达到设计低水位 0.37m 时，等待成本几乎为 0，说明对于乘潮通航保证率对本算例双线航道等待时间影响较大，提高航道乘潮通航保证率可明显减少船舶等待时间成本。

（2）挖泥费随乘潮通航保证率 P 的提高有明显增加，说明双线航道疏浚成本大，需合理选择乘潮通航保证率。

（3）总成本随乘潮通航保证率提高而有所减少，达到设计低水位时总成本达到最小值。

综上所述，对于本案例港区而言，以船舶等待和航道挖泥总成本作为指标，最优的航道设计方案具体见表 5.17。

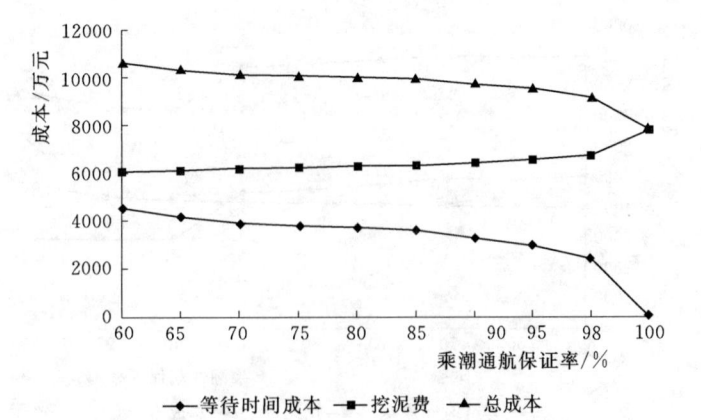

图 5.5 不同方案下的等待时间成本、挖泥费以及总成本对比图

（双线航道，$t_s = 4\text{h}$）

表 5.17 案例港区航道设计最优方案表

航道	通航持续时间 t_s /h	通航水位		航道有效宽度 W/m	D_0 /m	Z_4 /m	D /m	边坡坡度
		P /%	水位 /m					
单线	7	90	0.87	211	16.365	0.4	16.8	1∶5
双线	4	不乘潮	0.37	378				

参 考 文 献

［1］ 中华人民共和国交通运输部.海港总体设计规范：JTS 165—2013［S］.北京：人民交通出版社，2013.

［2］ 中华人民共和国交通运输部.疏浚工程技术规范：JTJ 319—99［S］.北京：人民交通出版社，1999.

［3］ 中华人民共和国交通运输部.疏浚工程土石方计量标准：JTJ/T 321—96［S］.北京：人民交通出版社，1996.

［4］ 中华人民共和国交通运输部.水运工程岩土勘察规范：JTS 133—2013［S］.北京：人民交通出版社，2013.

［5］ 中华人民共和国交通运输部.液化天然气码头设计规范：JTS 165—5—2016［S］.北京：人民交通出版社，2016.

［6］ 中交第一航务工程勘察设计院有限公司.海港工程设计手册［M］.2版.北京：人民交通出版社，2018.

［7］ 中交第一航务工程局有限公司.港口工程施工手册［M］.2版.北京：人民交通出版社，2015.

［8］ 中华人民共和国交通运输部.水运建设工程概算预算编制规定：JTS/T 116—2019［S］.北京：人民交通出版社，2019.

［9］ 中华人民共和国交通运输部.疏竣工程预算定额：JTS/T 278‑1—2019［S］.北京：人民交通出版社，2019.

［10］ 中华人民共和国交通运输部.疏竣工程船舶艘班费用定额：JTS/T 278‑2—2019［S］.北京：人民交通出版社，2019.

［11］ 洪承礼.港口规划与布置［M］.2版.北京：人民交通出版社，1999.

［12］ 郭子坚.港口规划与布置［M］.3版.北京：人民交通出版社，2011.

［13］ 郭子坚，宋向群.土木工程经济与管理［M］.北京：中国建筑工业出版社，2007.

［14］ 洪碧光.船舶操纵［M］.北京：人民交通出版社，2006.

［15］ 胡旭跃.航道整治［M］.北京：人民交通出版社，2008.

［16］ 刘晓平，陶桂兰.渠化工程［M］.北京：人民交通出版社，2009.

［17］ 刘宝宏.面向对象建模与仿真［M］.北京：清华大学出版社，2011.

［18］ 邱大洪.工程水文学［M］.3版.北京：人民交通出版社，2004.

［19］ 王维平，朱一凡，李群，等.离散事件系统建模与仿真［M］.2版.北京：科学出版社，2009.

［20］ UNCTAD. Port Development：A handbook planners in developing countries［M］. UN，New York，1985.

［21］ Jerry Banks，John S. Carson，Barry L. Nelson，et al. Nicol. Discrete‑Event System Simulation［M］. 4th ed. Prentice Hall，2004.

［22］ W. David kelton，Randall P. Sadowski，David Sturrock. Simulation With Arena［M］. 3th ed. McGraw‑Hill College，2005.

［23］ 郭子坚，王文渊，唐国磊，等.基于港口服务水平的沿海港口航道通过能力［J］.中国港湾建设，2010（S1）：46‑48.

［24］ Guolei Tang, Zijian Guo, Xuhui Yu, et al. SPAC to Improve Port Performance for Seaports with Very Long One – Way Entrance Channels. Journal of Waterway, Port, Coastal, and Ocean Engineering. 140. 04014011. 10. 1061/(ASCE) WW. 1943 – 5460.0000248.

［25］ 唐国磊, 王文渊, 李博名, 等. 3D 可视化海港航道辅助设计系统设计与实现 ［J］. 水运工程, 2014 （09）: 135 – 139.

［26］ 杨兴晏, 魏恒州. 沿海港口集装箱码头合理的泊位利用率分析 ［J］. 港工技术, 2004, （3）: 5 – 7.

［27］ 唐国磊, 王文渊, 宋向群, 等. 沿海进港航道通航水位仿真优化 ［J］. 哈尔滨工程大学学报, 2014, 35 （02）: 166 – 170.

［28］ 唐国磊, 王文渊, 宋向群, 等. 海港进港航道设计辅助分析系统设计与实现 ［J］. 水运工程, 2013 （08）: 126 – 130.

［29］ Guolei Tang, Wenyuan Wang, Zijian Guo, et al. Simulation – based optimization for generating the dimensions of a dredged coastal entrance channel ［J］. Simulation, 2014, 90 （9）, 1059 –1070.

［30］ 宋向群, 梁文文, 唐国磊. 船型组合对沿海散货港区航道通过能力的影响 ［J］. 水运工程, 2012 （08）: 98 – 101.

［31］ Guolei Tang, Wenyuan Wang, Xiangquan Song, et al. Effect of entrance channel dimensions on berth occupancy of container terminals ［J］. Ocean Engineering, 2016, 117, 174 – 187.

［32］ 宋向群, 梁文文, 唐国磊. 船舶进出港规则对沿海进口散货港区航道通过能力的影响 ［J］. 水运工程, 2012 （09）: 122 – 125, 131.

［33］ A. A. Shabayek, W. W. Yeung. A simulation model for the Kwai Chung container terminals in Hong Kong ［J］. European Journal of Operational Research, 2002, 140: 1 – 11.

［34］ 郭子坚, 陈琦, 唐国磊, 等. 船舶进出港安全时距对沿海散货港区航道通过能力的影响 ［J］. 水运工程, 2011 （07）: 136 – 140.

［35］ 宋向群, 张颖超, 唐国磊, 等. 单线航道避让区对散货港区航道通过能力的影响 ［J］. 水运工程, 2012 （11）: 124 – 126, 144.

［36］ 赵吉东. 天津港大港港区 LNG 船舶进出港操纵方案 ［J］. 天津航海, 2018 （03）: 13 – 16, 25.

［37］ 房卓, 姚海元, 黄俊, 等. 多智能体仿真在 LNG 码头选址及港口规划中的应用 ［J］. 水运工程, 2017 （12）: 123 – 128.

［38］ 周伟, 吴善刚, 肖英杰, 等. 基于 Arena 软件的 LNG 船舶通航组织仿真 ［J］. 上海海事大学学报, 2014, 35 （02）: 6 – 10.

［39］ Lijia Chen, Xinping Yan, Liwen Huang, et al. A systematic simulation methodology for LNG ship operations in port waters: a case study in Meizhou Bay ［J］. 2017.

［40］ Yuanqiao Wen, Du lei, Wang Le, et al. Quantitative model for determining the safety distance of anchoring LNG carriers ［J］. Journal of Safety & Environment, 2015.

海港航道数值仿真实验报告

课程名称：＿＿＿＿＿＿＿＿＿

学院（系）：＿＿＿＿＿＿＿＿

专　　业：＿＿＿＿＿＿＿＿

班　　级：＿＿＿＿＿＿＿＿

学　　号：＿＿＿＿＿＿＿＿

姓　　名：＿＿＿＿＿＿＿＿

年　　月　　日

姓　　名：_____　学　　号：_____　组：_____
实验时间：_____实验室：_____　实验台：_____
指导教师签字：_____　成绩：_____

一、实验目的和要求

　　沿海港口航道设计的仿真实验是集综合性、设计性、创新性和研究性为一体的专业实验。在沿海航道数值仿真实验中，实验者需要根据港区规模、自然条件等独立设计、运行航道数值仿真实验方案，灵活应用数理统计方法挖掘航道设计尺度与航道设计评价指标之间的定量关系，找出影响航道设计的敏感因素。通过该仿真实验，本科生应掌握沿海港口航道设计的基本方法、沿海港口进港航道仿真的基本理论，进而深化对航道设计要素的理解，培养本科生的实践能力和科研创新能力。

　　实验报告不仅是对每次实验的总结，更重要的是它可以初步培养和训练本科生的逻辑归纳能力、综合分析能力和文字表达能力，是科学论文写作的基础，是一项重要的基本技能训练。因此，要求参加实验的每位学生，必须独立设计仿真实验方案，及时认真地撰写实验报告，并且报告内容要实事求是，分析全面具体，文字简练通顺，誊写清楚整洁。

二、实验原理和内容

　　1. 泊位通过能力 P_t

　　依据拟建码头的泊位货种、数量、泊位停靠船舶设计船型等，计算单个泊位年通过能力及码头通过能力。

　　2. 船舶到港规律

　　根据泊位通过能力、单船装卸量等，推求日平均到船率 λ 作为船舶到港规律的参数。

　　3. 航道有效宽度 W 计算

　　依据设计船型的主尺度、船舶航速以及流的速度等，确定单、双线航道的有效宽度。

　　4. 航道通航水深 D_0 和设计水深 D

　　根据设计船型吃水、船舶航行下沉量、航道底质、回淤强度及维护周期等因素，分别计算航道通航水深和设计水深。

　　5. 乘潮水位

　　根据船舶进出港密度和航行要求，选定合理的每潮次船舶进出港所需的持续时间 t_s，及累积频率为 P（乘潮累积频率可取 $90\%\sim95\%$）的潮位数值为乘潮水位。

　　6. 仿真实验方案设计

　　根据拟建码头的泊位货种、数量、泊位吨级等实验条件，确定船舶到港规律、船舶装载量、通航历时、安全间距、潮汐、气象等模型参数，按照航道线数和乘潮通航保证率（$90\%\sim95\%$）对应的航道通航水位（乘潮水位）设计仿真实验方案。

　　7. 仿真实验结果统计分析

　　按照拟定仿真实验方案运行海港航道仿真实验系统，分析各航道主尺度与船舶总等待时间、航道挖泥量的关系，并以船舶等待与航道挖泥总成本最小为目标，优选航道主尺度。

8. 敏感性分析

选取一个实验方案作为基准，通过改变该方案的输入条件，如航道线数、乘潮通航保证率、每潮次船舶进出港所需的持续时间等，分析各影响因素对船舶总等待时间及成本、航道挖泥费等评价指标值的影响，进而分析影响航道设计的敏感性因素。

三、主要实验平台及实验条件

海港航道仿真实验教学系统是海港进港航道数值仿真实验的实验平台，它不仅为仿真实验者提供丰富的"典型专业化港区信息数据库"作为仿真实验的条件，而且为仿真方案设计及运行提供简单易用的图形用户界面，实现海港船舶航行作业的仿真过程，为规划设计进港航道提供船舶等待时间、挖泥量及其成本等，为决策者提供一个参考。

实验平台的主要界面和使用说明，可参考第 4 章"海港航道仿真实验教学系统"。

四、实验步骤与操作方法

我国绝大多数港口为不规则半日潮港，即 24h50min 内有两次高潮和两次低潮，且具有一定的潮差。为了节省航道基建初投资，在船舶密度不大的情况下，沿海港口的船舶常利用潮差乘潮进出，待港口进一步发展、船舶密度增大时，再投资浚深航道。为了保证船舶安全，根据船舶进出密度和航行要求选定合理的持续时间 t，绘制持续时间 t_s 的乘潮水位累积频率曲线，按设计要求确定水位达到和超过该潮位的累积频率 P，取累积频率为 P 的潮位数值为乘潮水位。

(1) 依据实验条件，如港区规模、设计船型、自然条件等，确定仿真模型输入参数，如船舶到港分布、船舶占有泊位时间分布、航道主尺度等。

(2) 以设计低水位为通航水位，依据港内最大设计船型设计进港航道，并作为基准方案，仿真运行该方案，得到基准方案下各吨级船舶等待时间、航道挖泥量等。

(3) 以乘潮水位为通航水位，让最大设计船型候潮进港。依据航道线数和乘潮通航保证率对应的乘潮水位形成仿真实验方案，仿真运行设计方案，得到船舶总等待时间以及航道挖泥量，以总成本最小为目标，确定合理的航道设计方案。

(4) 让最大设计船型候潮进港，取通航保证率 90% 对应的乘潮水位作为通航水位，改变某个影响因素，如航道线数、乘潮通航保证率和通航持续时间等等，形成仿真实验方案，仿真得到该参数改变时在港船舶总等待时间、航道挖泥量的变化值。

(5) 利用敏感性分析方法确定影响该航道规划建设的敏感性因素。

五、实验数据记录和处理

1. 船舶到港分布及船舶占用泊位时间分布

表 1　　　　　　　　　　　泊 位 构 成 情 况 表

序号	泊位吨级 DWT/t	货种	数量	备注
1				
2				
3				

序号	泊位吨级 DWT/t	货种	数量	备注
4				
5				
6				
7				
8				
9				
10				

表 2　　　　　　　　　　　　设计船型主要参数表

序号	船舶吨级 DWT/t	货种	总长 /m	型宽 /m	型深 /m	满载吃水 /m	单船装卸量 /t	船时效率 /(t/h)
1								
2								
3								
4								
5								
6								
7								
8								
9								
10								

表 3　　　　　　　　　各吨级泊位的年通过能力 Q 和日到港船舶数 λ

序号	泊位吨级 DWT/t	数量	G /(t/艘)	p /(t/h)	t_d /h	t_f /h	$\sum t$ /h	ρ	Q /万 t	$\lambda = \dfrac{Q/N}{G}$ /(艘/日)
1										
2										
3										
4										
5										
6										
7										
8										
9										
10										
	合计									

表 4　　　　　　　　　　　　各吨级泊位的平均装船效率 μ

序号	泊位吨级 DWT/t	数量	G /(t/艘)	p /(t/h)	$R=24p$ /(t/日)	$\dfrac{1}{\mu}=\dfrac{G}{R}$ /(日/艘)	$\dfrac{1}{\mu}=\dfrac{G}{p}$ /(h/艘)	$\lambda=\dfrac{Q/N}{G}$ /(艘/日)
1								
2								
3								
4								
5								
6								
7								
8								
9								
10								

2. 航道主要尺度设计

表 5　　　　　　　　　　　　港区自然条件统计表

项　目	属　性	值
潮汐	潮汐类型	
	平均潮差/m	
	平均潮位/m	
	设计高水位/m	
	设计低水位/m	
	极端高水位/m	
	极端低水位/m	
波浪	波高 $H_{4\%}$/m	
	周期/s	
海流	流速/(m/s)	
	流向角/(°)	
港口作业天数/天		

表 6　　　　　　　　　　　　单线航道主要尺度设计表

项目	内　容	值
航道有效宽度 分项计算	航道线数	单线航道
	船舶漂移倍数 n	
	风、流压偏角 γ/(°)	
	船舶与航道底边间的富裕宽度 C/m	

续表

项目	内　容	值
通航/设计水深 分项计算	船舶航行时船体下沉值 Z_0/m	
	航行时龙骨下最小富裕深度 Z_1/m	
	波浪富裕深度 Z_2/m	
	船舶装载纵倾富裕深度 Z_3/m	
	备淤深度 Z_4/m	
航道主尺度	航道有效宽度 W/m	
	通航水深 D_0/m	
	设计水深 D/m	

表7	双线航道主要尺度设计表	
项目	内　容	值
航道有效宽度 分项计算	航道线数	双线航道
	船舶漂移倍数 n	
	风、流压偏角 γ/(°)	
	船舶与航道底边间的富裕宽度 C/m	
通航/设计水深 分项计算	船舶航行时船体下沉值 Z_0/m	
	航行时龙骨下最小富裕深度 Z_1/m	
	波浪富裕深度 Z_2/m	
	船舶装载纵倾富裕深度 Z_3/m	
	备淤深度 Z_4/m	
航道主尺度	航道有效宽度 W/m	
	通航水深 D_0/m	
	设计水深 D/m	

3. 航道通航水位设计

表 8	乘潮水位累积频率曲线

乘潮历时 /h	乘潮累积频率 P/%										
	50	55	60	65	70	75	80	85	90	95	98
$t_s=1$											
$t_s=2$											

乘潮历时	乘潮累积频率 P/%										
/h	50	55	60	65	70	75	80	85	90	95	98
$t_s=3$											
$t_s=4$											
$t_s=5$											
$t_s=6$											
$t_s=7$											
$t_s=8$											
$t_s=9$											
$t_s=10$											
$t_s=11$											
$t_s=12$											

（1）单线航道通航持续时间。

表9　　　　　　　　单线航道每潮次船舶进出港口所需的通航持续时间计算表

序号	船舶吨级 DWT/t	S_1	S_2	L_S /m	L_D /m	L_C /m	$t_出$ /h	$t_进$ /h	t_1 /h	t_2 /h	t_3 /h	K_s	t_s /h
1													
2													
3													
4													
5													
6													
7													
8													
9													
10													

表10　　　　　　　　乘潮历时 $t_s=$_____时对应的乘潮水位

乘潮通航保证率 /%	50	55	60	65	70	75	80	85	90	95	设计低水位
乘潮水位/m											

（2）双线航道通航持续时间。

表 11 　　　　双线航道每潮次船舶进出港口所需的通航持续时间计算表

序号	船舶吨级 DWT/t	S_0	L_S /m	L_D /m	L_C /m	$t_{出}$ /h	$t_{进}$ /h	t_1 /h	t_2 /h	t_3 /h	K_s	t_s /h
1												
2												
3												
4												
5												
6												
7												
8												
9												
10												

表 12 　　　　乘潮历时 $t_s=$_____时对应的乘潮水位

乘潮通航保证率 /%	50	55	60	65	70	75	80	85	90	95	设计 低水位
乘潮水位/m											

4．航道仿真实验方案设计及结果分析

（1）单线航道仿真实验方案。

表 13 　　　　　　　　单线航道仿真实验方案汇总表

序号	单　线　航　道					船舶		泊位	
	W /m	D_0 /m	P /%	通航水位 /m	L_C /m	V /kn	λ /(艘/日)	μ/(艘/日)	
1									
2									
3									
4									
5									
6									
7									
8									
9									
10									

表 14   单线航道仿真实验方案仿真结果

项目		方 案 编 号									
		1	2	3	4	5	6	7	8	9	10
船舶等待时间/h	①										
	②										
	③										
	④										
	⑤										
	⑥										
	⑦										
	⑧										
	⑨										
	⑩										
船舶等待时间成本/万元											
挖泥量/万 m³											
挖泥费/万元											
总成本/万元											

讨论：

（2）双线航道仿真实验方案。

表 15　　　　　　　　　　双线航道仿真实验方案汇总表

序号	双　线　航　道					船舶		泊位	
	W /m	D_0 /m	P /%	通航水位 /m	L_C /m	v /kn	λ /（艘/日）	μ/（艘/日）	
1									
2									
3									
4									
5									
6									
7									
8									
9									
10									

表 16　　　　　　　　　　双线航道仿真实验方案仿真结果

项目		方　案　编　号									
		1	2	3	4	5	6	7	8	9	10
船舶等待时间 /h	①										
	②										
	③										
	④										
	⑤										
	⑥										
	⑦										
	⑧										
	⑨										
	⑩										
船舶等待时间成本 /万元											
挖泥量/万 m^3											
挖泥费/万元											
总成本/万元											

讨论：

5.敏感性分析

（1）每潮次船舶进出港持续时间。

表17　每潮次船舶进出港持续时间下仿真实验方案仿真结果

每潮次船舶进出港持续时间/h	通航水位/m	船舶等待成本/h	疏浚成本/万元	总成本/万元

分析与讨论：

（2）乘潮通航保证率。

表 18 不同乘潮通航保证率下仿真实验方案仿真结果

乘潮通航保证率 /%	通航水位 /m	船舶等待成本 /h	疏浚成本 /万元	总成本 /万元

讨论与结论：

（3）航道线数。

表 19　　　　　　　　　　不同航道线数下仿真实验方案仿真结果

航道	船舶等待时间/h	疏浚成本/万元	总成本/万元
单线航道			
双线航道			

讨论与结论：

六、讨论

（1）在确定航道线数时，应注意哪些问题？

（2）航道通航水位确定的一般步骤有哪些？

（3）本实验中，航道设计方案优选的评价指标有哪些？你认为是否合理？还有哪些指标应该考虑？

七、对本实验的体会、意见或建议